복잡계와 데이터 과학

Think Complexity

Allen B. Downey 지음
이제원 옮김

O'REILLY®
홍릉과학출판사

Think Complexity

– by Allen B. Downey –

서문

이 책을 쓴 이유

이 책은 식상함과 매력, 두 가지로부터 영감을 받아 쓰게 되었다. 식상함이란 흔히 사용되는 데이터 구조의 표현방식과 알고리즘에 질렸다는 뜻이고, 매력을 느낀 것은 복잡계에 대해서다. 데이터 구조는 학생들에게 동기를 부여하는 맥락이 없이 가르치는 문제가 있고, 복잡계 과학(complexity science)은 아예 가르치지 않는 게 문제라면 문제다.

2005년에 나는 올린 공대(Olin College)에서 학생들이 복잡성에 관한 주제들을 읽고, 파이썬으로 실험을 구현하고, 알고리즘과 데이터 구조에 대해 배울 수 있는 학습 지도안을 구상하여 수업한 적이 있다. 이 책은 내가 2008년에 그 수업을 다시 가르쳤을 때 초고를 썼다.

2011년, 세 번째로 그 수업을 하게 되었을 때가 되어서야 출간 준비를 했고, 학생들에게 이 책에 케이스 스터디 형식으로 자신들의 연구를 실을 수 있도록 제출할 기회를 주었다. 올린 대학에서 아홉 명의 교수들을 모집해 프로그램 위원회로 위촉하고 출판할 준비가 된 학생들의 레포트를 골랐다. 그렇게 통과된 케이스 스터디들은 지금 이 책에 실려 있다. 다음 판에는 독자들도 추가로 제출할 수 있으니, 관련 사항은 부록 A를 참고하면 되겠다.

강의자들에게 하는 제안

이 책은 대학교 중급 레벨의 파이썬 프로그래밍과 알고리즘 수업으로 가기 위한 발판 정도 수준을 염두에 두고 작성했다. 내 수업은 다음과 같이 설계했다.

참고 도서

복잡계 과학은 다양한 주제로 구성되어 있다. 주제간 서로 관련이 있지만, 모두 읽는 데에는 시간이 꽤 들기 때문에 나는 학생들이 큰 그림을 볼 수 있도록 복잡계 분야에서 유명한 연구와 발표들을 참고도서로 주는 편이다. 내가 제공하는 참고도서 목록과 그것을 어떻게 사용할지에 대한 제안은 부록 B에 있다.

연습

이 책은 학생들이 따라할 수 있는 연습을 포함하고 있다. 학생들은 연습을 통해서 복잡계 분야에서 중요한 실험들을 재구현해보고, 거기서부터 확장하게 된다. 복잡성 분야의 매력 중 하나는 적당한 프로그래밍 능력과 학부생 수준의 수학 실력으로도 최신 연구 성과를 접하고 발전시키는 데 어려움이 없다는 것이다.

토론

이 책에서 다루는 주제들은 과학의 철학에 대한 의문들을 낳기도 하고, 학생들이 더 많은 자료를 읽도록 동기부여를 하며 토론으로 이어지기도 한다.

케이스 스터디

내 수업은 학기의 거의 절반을 케이스 스터디에 할애한다. 학생들은 아이디어 도출 과정에 참여하고, 팀을 만들고, 6-7주 동안 여러 실험을 거친 뒤에 출판할 수 있는 4-6페이지짜리 레포트 형식으로 최종 발표한다.

강의 요약과 노트는 *https://sites.google.com/site/compmodolin*에서 볼 수 있다.

독학하는 분들에게 하는 제안

2009년부터 2010년까지 나는 구글케임브리지 오피스에서 객원 과학자로 일했다. 소프트웨어 엔지니어들과 일하면서 인상 깊었던 점은, 그들이 지적으로 호기심이 왕성했고 지식과 기술을 갈고 닦기 위한 추진력이 대단하다는 것이었다.

나는 이 책을 통해서 그런 사람들이 다른 경로로 접하기 힘든 주제나 아이디어를 탐구하고, 파이썬 프로그래밍 실습을 해보고, 데이터 구조와 알고리즘에 대해 더 아는 데 도움이 되었으면 한다. (또는 처음 봐서는 그다지 눈길이 안 가는 내용을 다시 보는 계기가 되기를 바란다.)

독학하는 분들을 위한 이 책의 내용은 다음과 같다.

기술적인 깊이

복잡계에 대한 책들은 많지만, 대부분 대중서다. 그런 책들은 대개 기술적인 세부 내용은 생략하는데, 내용을 감당할 수 있는 사람들에게는 오히려 실망스러운 일이다. 이 책은 복잡계에 대해 제대로 이해하는 데 필요한 수학과 다른 기술적인 내용도 함께 다룬다.

추가 참고 도서

책 전반에 걸쳐 원본 논문(대부분 전자논문으로 받을 수 있는), 관련 위키피디아 페이지[1] 등과 같은 추가 참고 도서를 표기했다.

---

1. 어떤 교수들은 학생들이 신뢰할 수 없는 출처에 너무 의존하게 된다며 위키피디아에 과민반응을 보인다. 이 책의 참고문헌 중 많은 부분이 위키피디아 항목이기 때문에 내 생각을 설명하고 싶다. 첫째, 복잡계 과학 및 관련 주제에 대한 항목은 굉장히 잘 쓰인 편이다. 둘째, 위키피디아 항목들은 여러분이 이 책을 다 읽은 다음에 접근할 수준으로 쓰여있다. (일부는 책을 읽기 전에는 힘들 수도 있다.) 마지막으로, 전세계 모든 독자들에게 무료로 제공된다. 독자들을 이러한 참고문헌으로 보내는 데 위험성이 있다고 한다면, 그 이유는 신뢰할 수 없기 때문이 아니라 오히려 독자들이 다시 책을 읽으러 돌아오지 않을 수도 있기 때문이다! (*http://xkcd.com/903*를 보라.)

연습 및 해답(일부)

연습들 중 많은 것들은 독자가 연습을 시작해볼 수 있도록 코드를 제공하며, 어려워 진행이 막힐 때에도 저자의 코드와 비교해볼 수 있도록 해답을 포함했다.

참여 기회

여러분이 이 책에서 다루지 않는 주제를 탐구하거나, 흥미로운 실험을 재구현하거나, 자신만의 새로운 실험을 수행했다면 다음 판에 싣도록 케이스 스터디로 제출할 수도 있다. 자세한 내용은 부록 A에 있다.

이 책의 내용은 계속 업데이트 중이다. 진행 중인 발전 사항을 보려면 *http://www.facebook.com/thinkcomplexity*를 참고하라.

앨런 다우니 Allen B. Downey
컴퓨터 과학과 교수 Professor of Computer Science
올린 공대 Olin College of Engineering
니덤, 메사추세츠 주 Needham, MA

기여하신 분들

제안이나 수정 사항이 있다면 downey@allendowney.com으로 이메일을 보내면 된다. 만약 여러분의 피드백을 토대로 수정을 반영한다면 기여하신 분들 목록에 올릴 것이다(생략해 달라고 달리 요청하지 않는 한).

오류가 발견된 문장의 일부를 함께 포함해서 보내주면 저자가 찾기 쉬워진다. 페이지나 섹션의 숫자도 괜찮지만, 그러면 찾기가 쉽지는 않다. 미리 고마움을 표한다.

Richard Hollands는 오탈자를 몇 개 잡아줬다.

- John Harley, Jeff Stanton, Colden Rouleau, KeerthikOmanakuttan는 계산 모델링 관련 학과 학생들로, 오탈자를 지적했다.
- Muhammad Najmi bin Ahmad Zabidi도 오탈자를 잡아줬다.
- Phillip Loh, Corey Dolphin, Noam Rubin, Julian Ceipek는 오탈자와 유용한 제안을 몇 가지 했다.
- José Oscar Mur-Miranda는 오탈자를 찾았다.
- 이 책에 들어있는 케이스 스터디를 읽고 선별해 준 프로그램 위원회에게 감사를 표한다. Sarah Spence Adams, John Geddes, Stephen Holt, VincentManno, Robert Martello, Amon Millner, José Oscar Mur-Miranda, Mark Somerville,Ursula Wolz로 구성되었다.
- Sebastian Schöner는 무려 두 페이지의 오탈자를 보냈다!
- Jonathan Harford는 코드 오류를 찾았다.
- Philipp Marek는 수정 사항을 많이 보내줬다.

일러두기

이 책에서는 다음과 같은 표기가 사용되었다.

Bold 볼드체

새로운 용어

`Constant width` 고정폭 글꼴

소스 코드 그리고 문단 내에서는 변수 또는 함수명, 데이터베이스, 데이터 유형, 환경변수, 문(statement), 키워드 등의 프로그램 요소를 가리킬 때 사용

예제 코드를 사용하는 경우

이 책은 여러분을 도와주기 위해 쓰였다. 일반적인 경우 이 책에 있는 코드는 프로그램과 문서에서 사용할 수 있다. 코드의 대부분을 복제하는 것이 아니라면, 허락을 받기 위해 따로 연락하지 않아도 된다. 예를 들면, 이 책에서 나온 코드 부분을프로그램에 사용하는 건 허락을 구하지 않아도 된다는 뜻이다. 하지만 O'Reilly 책들의 예제로 만든 CD-ROM을 팔거나 재배포하는 행동은 허가를 받아야 한다. 반면에 이 책을 인용해서 질문에 답을 하거나, 예제의 코드를 인용할 때에는 허가가 필요 없다. 또한 이 책에서 많은 양의 예제 코드를 가져다가 여러분 제품의 문서에 포함시키는 것도 허가가 필요하다.

저작자 표시를 해 주시면 감사하나, 필수는 아니다. 저작자 표시는 제목, 저자, 출판사 그리고 ISBN을 포함하면 된다. 예: "*Think Complexity* by Allen B. Downey(O'Reilly). Copyright 2012 Allen Downey, 978-1-449-31463-7."

만약 여러분이 예제 코드를 사용하기가 꺼림칙하다거나 방금 설명한 허가 범위를 벗어났다고 생각한다면, permissions@oreilly.com으로 연락주시기 바란다.

연락 방법

이 책(원서)의 웹 페이지에 오탈자, 예제, 추가 정보를 올려둔다. 해당 페이지는 다음과 같다.

http://shop.oreilly.com/product/0636920022480.do

옮긴이의 글

데이터과학 관련 서적을 한국어로 옮기기 시작한 뒤, 어느덧 세 번째 책입니다. 이번에는 조금 더 깊은 주제로 복잡계 모델에 대해서 다루었습니다.

우리는 무엇을 위해서 데이터를 분석하는 걸까요? 아주 추상적인 대답부터 아주 구체적인 대답까지, 분석가마다 대답은 매우 다를 것입니다. 매출에 기여하려고, 사용자를 늘리려고, 왜 우리가 특정한 행동을 하는지 사회학적으로 설명하려고….

우리는 분석을 하면서 '모델'이라는 용어를 자주 접하게 됩니다. 회귀모델, 트리 모델, 확률 모델 등 데이터의 특징과 얻고자 하는 결론에 따라 여러 모델들 중에서 선택을 하고 그것을 사용한 예측이나 설명을 합니다. 방법론적인 개념으로 접근하는 것이지요. 그런데 왜 모델이라는 용어를 쓰는지 생각해본 적이 있으신가요?

단어의 정의에 따르면 '모델'이란 실물보다 작게 만든 모형을 뜻합니다. 우리는 현실을 추상화하고 단순화시켜서 축소판인 모델을 만듭니다. 그리고 유추(analogy)를 통해서 모델과 현실을 비교하여 결론을 내리게 되는 것입니다. 그렇다면 수학적으로 방정식을 풀어 내는 모델과 규칙에 기반한 계산 모델에는 어떠한 가정의 차이와 철학적인 차이가 있을까요? 또 모델에 있어서 과학철학적 환원주의 접근과 전체론적인 접근이 어떻게 다르며, 나의 목적에 부합하는 관점은 어느 쪽일까요?

책을 읽으면서 이러한 질문들에 대답을 해보게 되면 내가 '무엇'을 위하여 분석을 하는지가 명확해집니다. 이는 특히 머신러닝에 대해 공부하기에 앞서 지식의 기저에 깔아두면 좋을 사고의 방식입니다. 단순히 어떤 모델을 돌려서 기계적으로 결과가 잘 나오는 특성(feature)만 선택하고 최종 모델을 만드는 것이 아니라 다음과 같은 논리적인 구조를 염두에 두는 것이지요. "1) 공통된 특성의 집합을 공유하는 모델들이 있으며 이들은 모두 행동 B를 보인다. 2) 만약 B를 닮은 관찰 O를 보게 되면, 그것을 설명하는 한 가지 방법은 시스템 S가 B를 생산할 만한 특성의 집합을 가지고 있다고 보는 것이다." 이러한 가정 하에 모델을 만들고 있다는 사실을 늘 상기하고 있다면, 모델을 만들거나 해석하는 데 있어서 훨씬 풍부한 기량을 가지게 될 거라고 생각합니다.

이 책에서 배울 수 있는 첫 번째가 모델이라는 것에 대한 깊은 사고라면, 두 번째는 복잡성입니다. 전통적인 과학이 결정론적인 관점에서, 원인에 의해 결과가 결정되어 있다는 시각이라고 한다면 복잡계 과학에서는 다양한 요인이나 변수가 서로 상호작용을 하고 그것이 복합되어 큰 영향력을 갖는다는, 조금 더 현실 세계에 가까운 시각을 가집니다. 그렇기 때문에 시스템의 세부요소들에 중점을 두기보다는 하나의 큰 현상을 재현하는 데에 집중하게 됩니다. 이 책에서는 실제로 Python을 사용해 네트워크, 셀룰러 오토마타, 행위자 기반 모델 등을 스크래치부터 프로그래밍해보며 기존 과학의 프레임에서 설명하기 어려운 교통체증이라든지, 작은 세상 네트워크, 임계성 같은 현상들을 모델링해 볼 것입니다.

데이터 분석의 테크닉은 누구나 조금만 배우면 따라할 수 있습니다. 기계적인 해석 또한 가능하지요. 그러나 테크닉만 잔뜩 배우고 나면 어느 순간 분석의 방향성을 상실해버리게 됩니다. 가볍게 치부하고 넘어갈 수 있는 과학철학의 발전배경, 현재의 기준에서 과학적인 모델상, 복잡계 모델에 대한 당위성을 이해하고 분석에 임하게 된다면 반쪽짜리 테크니션이 아닌 데이터 사이언티스트로 거듭나는 데 한 발짝 다가서게 될 것이라 믿습니다.

프로그래머에게는 이론이, 다른 분야 연구자에게는 스크래치부터 하는 코딩이 어려울 수 있으나 천천히 따라 읽으며 문제를 풀어보면 생각을 많이 하게 되는 책입니다. 다만 Python을 처음 접하는 분이라면 다른 기본서를 탐독하신 뒤에 읽는다면 이해가 조금 더 쉬울 것입니다. 혹시라도 잘못된 번역이 있다면 옮긴이의 무지 탓으로 추후 반영할 수 있도록 피드백을 보내 주시면 고맙겠습니다. 언제나 도움을 주는 남편 임훤님과, 밤낮을 가리지 않고 자문에 응해준 친구 연주영 박사님께 심심한 감사의 말씀을 전합니다.

옮긴이 이제원

역자 소개

KAIST 문화기술대학원을 졸업하고 (주)데이터몬스터즈를 창업하여 빅데이터분석 컨설팅과 R 및 Python 강의를 맡고 있다. 다른 역서로 R Cookbook, R Graphics Cookbook이 있다.

목차

Chapter 4 작은 세상 그래프

Chapter 5 척도 없는 네트워크(Scale-Free Networks)

Chapter 6 셀룰러 오토마타(Cellular Automata)

Chapter

1

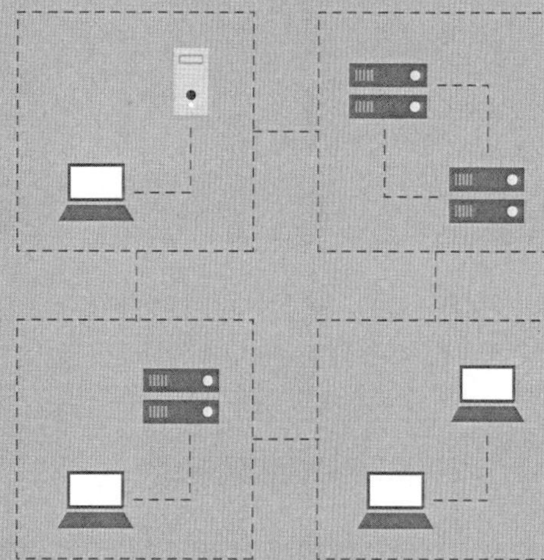

복잡계 과학 (Complexity Science)

1.1 이 책에 대하여

이 책은 데이터 구조와 알고리즘, 중급 난이도의 파이썬 프로그래밍, 계산 모델 그리고 과학철학에 대한 내용을 담고 있다.

○ 데이터 구조와 알고리즘

데이터 구조란 특정 작업을 지원하도록 데이터 요소들을 체계화한 것을 말한다. 예를 들어 파이썬의 사전(dictionary)은 키-값(key-value) 쌍을 키에서 값으로 매핑(mapping)할 때는 빠르지만, 값에서 키로 매핑을 할 때는 그보다 느린 구조다.

알고리즘이란 계산을 수행하는 기계적인 과정이다. 효율적인 프로그램을 설계하려면 대개 데이터 구조와 그 구조를 사용하는 알고리즘 모두를 향상시켜야 한다. 이 책의 앞 장들에서 다루는 그래프[2], 그래프를 구현하는 데이터 구조 그리고 그러한 구조를 기초로 하는 그래프 알고리즘을 보면 이해가 갈 것이다.

○ 파이썬 프로그래밍

이 책은 Think Python(Allen Downey, O'Reilly, 2012)의 끝부분에서 이어진다. 독자들이 그 책을 읽었거나 그에 상응하는 파이썬에 대한 지식을 가지고 있으리라 생각한다. 책에서 여러 프로그래밍 언어에 모두 적용이 가능한 기본적인 아이디어를 부각시키려고 하지만, 그러는 도중에 파이썬에 한정되는 유용한 기능들도 배우게 될 것이다.

○ 계산 모델링

모델이란 시뮬레이션 또는 분석에 사용하는 시스템을 간단히 표현한 것이다. 값싸면서도 빠른 계산력을 이용하기 위해 설계하는 것이 계산 모델(computational model)이다.

---

2. 역자 주) '도표'라는 일반적인 의미의 그래프가 아닌 '꼭짓점의 집합과 변의 집합을 이루는 순서쌍'이라는 뜻으로 사용한다. 네트워크나 그래프 이론에서 사용되는 용어

○ 과학철학(Philosophy of science)

이 책에 담긴 실험 및 결과는 과학철학과 관련된 질문들을 떠올리게 한다. 이를테면 과학 법칙의 본질, 이론 선택, 실재론과 도구주의, 전체론과 환원주의 그리고 인식론 등이다.

또, 융합 분야(수학, 컴퓨터과학, 자연과학의 교차점에 있는)이며 물리계의 이산 모델들에 초점을 맞추는 **복잡계 과학** (complexity science)에 대해서 다룬다. 특히, 수많은 상호작용하는 요소들로 이루어진 **복잡계** (complex systems)에 대한 내용을 담고 있다.

복잡계는 네트워크와 그래프, 셀룰러 오토마타(cellular automata), 행위자 기반 모델(agent-based model)과 떼(swarm), 프랙탈과 자기 조직화 시스템(self-organizing system), 카오스 시스템 그리고 사이버네틱 시스템을 포함하는 개념이다. 지금은 이러한 용어들이 와닿지 않겠지만, 곧 배우게 될 것이다. 먼저 알아보고 싶다면 *http://en.wikipedia.org/wiki/Complex_systems*를 살펴보자.

1.2 새로운 종류의 과학

2002년에 스테판 울프람(Stephen Wolfram)은 〈새로운 종류의 과학 A New Kind of Science〉(국내 미번역)이라는 책에서 자신을 포함한 여러 학자들의 셀룰러 오토마타 연구를 다루며, 계산 시스템 연구에 대해 과학적으로 접근했다. 본 책의 6장에서 울프람에 대한 내용은 더 다룰 것이지만, 그의 책 제목을 빌려 조금 더 넓은 범위를 설명하고자 한다.

필자는 복잡성이라는 것이 '새로운 종류의 과학'인 이유가 새로운 주제에 대해 과학적인 도구를 적용하기 때문이 아닌 기존과 다른 도구를 사용하고, 다른 종류의 일을 가능하게 하고, 궁극적으로 우리가 '과학'이라 정의하는 것을 바꾸기 때문이라고 생각한다.

차이점을 보기 위해 고전 과학으로 예시를 들어보겠다. 누군가 당신에게 왜 행성 궤도가 타원형이냐고 물어본다 가정해보자. 당신은 아마도 뉴턴의 만유인력의 법칙을 들어 행성 운동을 설명하는 미분 방정식을 작성할 것이다. 그리고 나서 미분 방정식을 풀고 그 해가 타원이라는 사실을 보일 것이다.

대다수 사람들은 이러한 류의 설명을 만족스럽게 생각한다. 수학적인 유도가 포함되므로 논리적인 증명이 일정 부분 들어가는 셈이고, 행성 궤도라는 특정한 관찰을 중력이라는 일반적인 원리에 입각해 설명하기 때문이다.

이제 다른 종류의 설명과 비교를 해 보자. 당신이 인종 간 사는 지역이 분리된 디트로이트 같은 도시로 이사하며, 왜 그렇게 분리되어 있는지 궁금하다고 치자. 스스로 공부를 하다보면 토마스 쉘링(Thomas Schelling)의 '동태적 분리 모델(Dynamic Models of Segregation)'이라는 논문을 찾을 수 있을텐데, 인종의 분리에 관한 간단한 모델을 제시하는 논문이다.
(*http://statistics.berkeley.edu/~aldous/157/Papers/Schelling_Seg_Models.pdf*에서 다운로드 가능)

다음은 논문의 요약 내용이다(본 책의 10장에서 가져왔다).

> 쉘링의 도시 모델은 일련의 셀(cell)로 구성되며 각 셀은 하나의 집을 나타낸다. 빨간색과 파란색으로 표시된 '행위자(agent)'들이 각 집에 살고 있는데, 그 수는 대략 비슷하다. 10% 정도의 집은 비어있다.
> 어떤 시점에서든 행위자는 이웃 때문에 행복하거나 불행한 상태일 수 있다. 이 모델의 한 버전에서는 행위자가 자신과 동일한 이웃이 적어도 두 명 이상이면 행복하고, 동일한 이웃이 한 명이거나 하나도 없다면 불행하다.
> 무작위로 행위자를 선택해 그 사람이 행복한지를 확인하면서 시뮬레이션이 진행된다. 행복하다면 아무 일도 일어나지 않지만, 불행하다면 그 행위자는 주인이 없는 셀을 무작위로 선택해 이사한다.

전혀 분리가 일어나지 않은 도시에서 시작해 짧은 시간 동안 모델을 실행하면 유사한 행위자들로 구성된 군집이 생겨난다. 시간이 지나며 군집들은 크기가 커지고 합쳐지는데, 소수의 크기가 큰 군집만 남고 대부분의 행위자가 동족 근처에 살게 될 때까지 계속된다.

이 모델에서 나타나는 분리의 강도는 아주 놀라울 정도인데, 실제 도시에서 볼 수 있는 인종 분리 현상을 설명하는 모델이다. 디트로이트가 분리된 이유는 사람들이 수적으로 열세이고 싶지 않아하고, 만약에 이웃의 인종 구성이 자신을 행복하게 해주지 못한다면 이사하기 때문일 수도 있는 것이다.

행성 궤도의 움직임에 대한 설명과 비교해서 이 설명이 만족스러운가? 대부분의 사람은 그렇지 않다고 할 텐데, 왜일까?

쉘링의 모델은 굉장히 단순화되어 있어서 그다지 현실적이지는 않다. 인간이 행성보다 복잡하다고 믿고 싶지만, 곰곰이 생각해 보면 행성 또한 사람만큼이나 복잡하다(특히 사람을 포함하고 있는 행성이라면 말이다).

두 시스템 모두 복잡하며, 두 모델은 단순화를 통해 도출된 것이다. 예를 들어 행성 운동에 대한 모델에서 우리는 행성과 태양 사이에 작용하는 힘은 고려하지만, 행성 간의 상호작용은 무시하는 것처럼 말이다.

하지만 큰 차이점은, 행성 운동의 경우 우리가 무시하는 힘이 우리가 모델에 포함시키는 힘보다 작다는 것을 보여줌으로써 그 모델이 옳다고 주장할 수 있다는 것이다. 그리고 모델을 확장해서 다른 상호작용들을 집어넣고, 그 효과가 미미하다는 것도 보여줄 수 있다. 하지만 쉘링의 모델에서는 단순화시키는 것을 정당화하기가 어렵다.

설상가상으로 쉘링의 모델은 어떠한 물리 법칙에도 해당되지 않고, 수학적 유도가 아닌 단순 계산만 사용한다. 그 때문에 쉘링 같은 모델들은 고전 과학같이 보이지 않아 사람들이 흥미로워하지 않는다. 적어도 처음 볼 때는 말이다. 하지만 앞으로 보여줄 것처럼, 이러한 모델들은 예측, 설명 그리고 설계를 포함한 여러 작업에 유용하게 사용할 수 있다. 그걸 설명하는 게 이 책의 목적 중 하나다.

1.3 패러다임의 전환?

복잡계 과학을 사람들에게 이야기할 때, 새로운 과학이 패러다임의 전환이냐는 질문을 종종 받는다. 나는 그렇게 생각하지 않는다. 그 이유는 다음과 같다.

토마스 쿤(Thomas Kuhn)은 1962년에 '패러다임의 전환(paradigm shift)'이라는 용어를 책 〈과학혁명의 구조(The Structure of Scientific Revolutions)〉에서 처음 소개했다. 패러다임의 전환이란 과학의 역사 속에서 어떤 분야의 기본 가정이 변화하거나, 어떤 이론이 다른 이론으로 대체되는 과정을 가리킨다. 그는 코페르니쿠스 혁명, 산소의 연소 모델로 인한 플로지스톤설의 퇴출 그리고 상대성 이론의 출현을 그 예로 꼽았다.

즉, 복잡성 과학이 발달함으로 인해 기존 모델이 대체된다기보다는 모델들이 평가되는 기준과 어떤 모델들이 괜찮다고 간주되는지에 대해 점진적으로 변화가 생긴다는 게 내 의견이다.

예를 들자면 고전 모델들은 법칙에 근거하는 경향이 있고, 수식의 형태로 표현되며 수학적 유도로 푼다. 반면 복잡성이라는 분야에 속하는 모델들은 대개 규칙 기반이고, 계산으로 표현되며 분석보다는 시뮬레이션 된다.

모든 사람들이 이러한 모델로 만족하지는 않는다. 이를테면 〈싱크(Sync)〉에서 스티븐 스트로가츠(Steven Strogatz)는 몇몇 종의 반딧불들에서 나타나는 자연 동기화(spontaneous synchronization) 현상에 대한 모델에 대해 썼다. 그는 이러한 현상을 설명하는 시뮬레이션을 보여줬지만, 그 뒤에 다음과 같이 덧붙였다.

> 무작위 초기 조건과 진동자의 개수를 달리해 시뮬레이션을 수십 번도 더 반복해봤다. 그래도 매번 동기화했다. …… 하지만 현재의 문제는 어떻게 증명하느냐다. 동기화가 필연적으로 일어난다는 사실을 보여주려면, 어떤 컴퓨터로도 불가능한 철석 같은 증거가 있어야 한다. 그리고 가장 좋은 증거는 '왜' 그것이 필연적으로 일어나는지도 명확히 알려줄 것이다.

스트로가츠가 수학자라는 사실을 감안하면 그가 증거에 집착하는 것도 이해는 간다. 그러나 그가 말하는 증거는, 나의 개인적인 의견으로는, 그 현상의 가장 흥미로운 부분을 다루지 않는다. '동기화가 필연적이다'라는 사실을 입증하기 위해 스트로가츠는 몇몇 단순화된 가정을 하는데, 그 중 하나가 각 반딧불이 다른 모든 반딧불을 볼 수 있다고 가정하는 것이다.

나는 어떻게 계곡의 모든 반딧불들이 '서로를 전부 볼 수 없음에도 불구하고' 동기화할 수 있는지를 설명하는 것이 더 흥미롭다고 생각한다. 어떻게 이러한 전역적인 행동이 지역적인 상호작용으로부터 창발될 수 있는지는 10장의 주제로 다룬다. 이러한 현상들을 설명하는 데에는 동기화를 가능하게 하거나 방해하는 조건들을 알아보는(수학적 분석으로는 힘들거나 아예 할 수 없는 방식으로) 행위자 기반 모델을 많이 쓴다.

컴퓨터 과학자인 내가 계산 모델에 대해 열정이 있다는 사실은 놀랍지도 않다. 스트로가츠가 틀렸다는 건 아니지만, 사람들이 어떤 질문을 가지는지, 어떤 도구를 사용해 답을 구하는지가 꼭 동일하지는 않을 수도 있다. 이러한 선택들은 가치 판단에 근거하므로 사람들이 한 가지 생각에 모두 동의할 거라고 생각할 이유는 없는 것이다.

그럼에도 불구하고 어떤 모델들이 과학적으로 괜찮다고 간주되는지, 어떤 것들이 조잡한지, 사이비 과학인지, 아예 과학이 아닌지에 대해서는 과학자들 간의 대략적인 의견 일치가 있다.

나는 이러한 의견의 일치를 이끌어 내는 기준들은 시간이 지나며 변화하며, 복잡계 과학의 출현은 이러한 기준들이 서서히 변화했음을 나타낸다고 강력히 주장하고자 한다. 이는 또한 이 책의 핵심적인 주제이기도 하다.

1.4 과학적 모델의 여러 축들

물리 법칙에 기반하며, 수식의 형태로 표현되고 수학적인 분석을 통해 풀 수 있다고 고전 모델을 앞서 설명한 바 있다. 이와는 반대로 복잡계 모델들은 간단한 규칙에 기반하며 계산으로 구현할 수 있다.

이러한 추세를 시간에 따라 변화하는 두 개의 축으로 생각할 수 있다.

- 수식 기반(equation-based) → 시뮬레이션 기반(simulation-based)
- 분석(analysis) → 계산(computation)

새로운 종류의 과학이 기존과 다른 이유는 몇 가지가 더 있다. 책의 뒷부분에 무엇이 나올지 여러분이 알 수 있도록 먼저 정리해 둔다. 하지만 그 중 몇 가지는 책의 후반부에 나오는 예시를 보지 않으면 이해가 어려울 수 있다.

○ 연속 → 이산

고전 모델들은 미적분 같은 연속수학에 기반하는 반면, 복잡계는 그래프와 셀룰러 오토마타 등을 포함한 이산수학에 기초를 둔다.

○ 선형 → 비선형

고전 모델은 선형이거나 비선형 시스템에 선형 근사식을 사용하는 경우가 많다. 복잡계 과학은 비선형 모델에 좀더 친화적이다. 한 예로 카오스 이론[3]이 있다.

○ 결정적(deterministic) → 확률적(stochastic)

고전 모델은 대개가 결정적 모델들로, 이러한 모델들은 우리가 6장에서 다룰 철학적 결정론이라는 개념이 반영되어 있다. 반면에 복잡계 모델은 종종 무작위성을 특징으로 가진다.

---

3. 카오스 이론은 이 책에서 다루지 않지만 여기서 읽어볼 수 있다 *http://en.wikipedia.org/wiki/Chaos_theory*.

○ **추상적 → 세부적**

고전 모델에서 행성은 점입자고, 평면에는 마찰이 없고, 소는 구체로 취급한다(*http://en.wikipedia.org/wiki/Spherical_cow*를 참고). 이 같은 단순화가 분석에 필요할 때도 있지만, 그보다는 계산 모델이 좀 더 현실적일 수도 있다.

○ **한두개 → 다수**

천체역학에서 2체 문제는 분석적으로 해결할 수 있다. 그러나 3체 문제는 그렇지 않다. 고전 모델이 작은 수의 상호작용하는 요소에 국한될 때, 복잡성 과학은 더 큰 복합체를 다룬다(복잡성이라는 이름이 거기서 나온 것이다).

○ **동질성 → 복합성**

고전 모델에서는 구성 요소들이 동질적이고 교체 가능한(interchangeable) 경향이 있고, 복잡계 모델은 여러 다른 요소로 이루어진 이질성을 보여주는 경향이 있다.

이 특징들은 일반화한 것이므로 너무 심각하게 받아들이지는 않아야 한다. 그리고 내가 고전 과학을 비난하려는 것이 아님을 알아주기 바란다. 더 복잡한 모델이라고 해서 더 좋으리라는 보장은 없다. 사실, 보통은 더 나쁘다.

이러한 변화는 갑자기 일어난 것도 아니고, 진행이 끝난 것도 아니다. 과학의 경계에서는 어떤 것이 받아들일 수 있고 훌륭한 연구인지에 대한 경계선이 점진적으로 움직이고 있다. 과거에 사람들이 의심의 눈초리를 보냈던 도구들도 지금은 일상적으로 사용되고, 널리 통용되었던 모델들 중 일부는 현재 면밀한 조사가 필요한 것으로 여겨지고 있다.

예를 들어 아펠(Appel)과 하켄(Haken)은 1976년에 사색정리(four-color theorem)를 증명하면서 컴퓨터를 사용해서 그들의 증명에 있어 일종의 부명제라고 할 수 있는 1,936개의 특수한 사례들을 열거했었다. 그럼에도 당시의 수학자들은 사색정리가 진짜로 증명되었다고 생각하지 않았다. 하지만 현재, 컴퓨터를 이용한 증명은 매우 흔한 일이 되었고 일반적으로(보편적으로는 아니지만) 통용된다.

이와는 반대로 경제 분석의 상당수는 '경제인' 또는 비아냥거리는 단어로 말하자면'호모 에코노미쿠스'라는 인간 행동 모델에 기반하고 있다. 수십 년간 이 모델에 기반한 연구가 중시되어왔고, 특히 수학적인 기교가 들어있다면 더욱 높은 평가를 받았다. 하지만 최근 이 모델은 전보다 회의적인 반응을 얻고 있으며, '불완전 정보'나 '제한된 합리성'이 포함된 모델이 오히려 화제이다.

1.5 새로운 종류의 모델

복잡계 모델들은 다양한 곳에 사용하고 해석도 다양하다.

○ 예측 모델 → 설명 모델

쉘링의 분리 모델은 복잡한 사회적 현상을 밝혀줄 수 있지만 예측에는 적합하지 않다. 반면에 단순한 천체역학 모델은 몇 년 뒤 일어날 일식을 초 단위까지 예측할 수가 있다.

○ 실재론 → 도구주의

고전 모델들은 실재론적인 해석에 적합하다. 예를 들어 대부분의 사람들은 전자(electron)가 실제로 존재한다는 사실을 받아들인다. 도구주의 관점에서는 모델에서 상정하고자 하는 존재가 실존하지 않는다고 하더라도 그 모델이 유용할 수 있다고 본다. 조지 박스(George Box)에 의하면 도구주의의 모토는 "모든 모델은 틀리다. 하지만 일부는 유용하다."가 되어야 한다고 한다.

○ 환원주의 → 전체론

환원주의는 시스템의 행동은 그것의 요소를 이해함으로써 설명된다는 견해이다. 예를 들면 원소들로 이루어진 주기율표가 환원주의의 대승리라고 볼 수 있는데, 원소들의 화학적인 행동을 원자에 들어있는 전자로 설명하는 단순한 모델이기 때문이다. 전체론은 시스템 수준에서 일어나는 어떤 현상들은 요소의 수준에서는 존재하지 않으며, 그렇기 때문에 요소 수준에서는 설명될 수 없다고 보는 견해다.

설명적 모델은 5장, 도구주의는 7장, 전체론은 9장에서 다시 다룰 것이다.

1.6 새로운 종류의 엔지니어링

지금까지 복잡계를 과학의 맥락에서 설명하고 있었는데, 복잡성이란 때론 사회 체계의 엔지니어링과 조직 변화로 인한 원인이기도 하고, 결과이기도 하다.

○ 중앙 집중(centralized) → 분산(decentralized)

중앙 집중된 시스템은 개념적으로 단순하고 더 쉽게 분석이 가능하지만 분산된 시스템이 더 견고할 수 있다. 예를 들어 월드와이드웹 상에서는 클라이언트가 중앙 집중된 서버에 요청을 한다. 만약 서버가 다운되어 있다면 서비스를 사용할 수 없다. 그러나 사용자간 네트워크(peer-to-peer, P2P)에서는 모든 노드가 클라이언트이면서 동시에 서버다. 이런 서비스를 다운시키기 위해서는 '모든' 노드를 다운시켜야 한다.

○ 고립(isolation) → 상호작용(interaction)

고전 엔지니어링에서 큰 시스템의 복잡도는 구성요소들을 고립시키고 상호작용을 최소화함으로써 관리한다. 이는 여전히 중요한 엔지니어링 원칙이다. 그럼에도 불구하고 값싼 계산이 가능해져서 요소들 간에 복잡한 상호작용이 들어간 시스템을 설계하는 것도 점점 더 실현 가능성이 증가하고 있다.

○ 일대다 → 다대다

많은 통신 시스템은 방송 서비스에 사용자들이 서로 커뮤니케이션하거나 콘텐츠를 생성, 공유, 수정할 수 있도록 하는 서비스를 추가하고 있다(또는 아예 대체하고 있다).

○ 하향식 → 상향식

일반적으로 사회・정치・경제 시스템에서 중앙 집중식으로 조직되어 왔던 활동들은 이제 풀뿌리 운동처럼 운용되고 있다. 심지어 위계식 체제의 고전으로 여겨지는 군대조차 지휘통제가 아래로 이양되는 방향으로 변화하고 있다.

○ 분석 → 계산

기존 공학에서는 실행이 가능하다고 판단되는 디자인 공간(design space)이 우리의 분석 능력에 의해 제한되었다. 예를 들어 에펠탑은 구스타브 에펠(Gustave Eiffel)이 풍하중(風荷重)을 다루는 새로운 분석 기법을 개발했기 때문에 설계가 가능했던 것이다. 하지만 이제 컴퓨터를 이용한 설계 및 분석 도구를 통해 상상할 수 있는 거의 모든 것을 만들 수 있게 되었다. 프랭크 게리(Frank Gehry)의 빌바오 구겐하임 박물관이 필자가 가장 좋아하는 예시다.

○ 설계 → 검색

때로 엔지니어링은 가능한 설계들 중에서 해결책을 찾아내는 것이라 설명하곤 한다. 그러한 검색은 점점 자동화되는 추세에 있다. 이를테면 유전 알고리즘은 넓은 디자인 공간을 탐색해 인간 공학자들이 상상하거나 좋아하지 않는 해결책을 찾아낸다. 궁극의 유전 알고리즘인 진화는, 인간 공학자들의 법칙들을 위배하는 설계를 생성하는 것으로 악명이 높다.

1.7 새로운 종류의 생각

우리가 점점 주제에서 멀리 나아가고 있기는 하지만, 필자가 이야기하고자 하는 과학적 모델 기준의 변화는 20세기의 논리학과 인식론의 발달과 관련이 있다.

○ 아리스토텔레스 논리학 → 다치 논리학(many-valued logic)

전통적 논리학에서는 어떤 명제든 참이거나 거짓이거나 둘 중 하나다. 이러한 시스템은 수학과 같은 증명에는 적합하지만, 현실 응용에는 (아주 극적으로) 실패하곤 한다. 그 대안으로는 다치 논리학, 퍼지 논리(fuzzy logic), 미결정성(indeterminacy), 모호성(vagueness) 그리고 불확정성(uncertainty) 등이 있다. 바트 코스코(Bart Kosko)는 〈Fuzzy Thinking〉[4]이라는 책에서 이러한 시스템들을 일부 다루고 있다.

○ 빈도주의 확률 → 베이즈주의

베이즈 확률이라는 개념이 존재한지는 수 세기 되었지만, 값싼 계산 능력과 확률에 주관성이 받아들여짐에 힘입어 최근 들어서야 널리 사용하게 되었다. 섀론 버트시 맥그레인(Sharon Bertsch McGrayne)의 〈The Theory That Would Not Die〉라는 책에서 이러한 역사를 다루고 있다.

○ 객관적 → 주관적

계몽주의와 철학적 모더니즘은 객관적 사실이라는 믿음에 기반한다. 즉, 사실이란 누가 쥐고 있는지에 관계없이 독립적이라는 뜻이다. 양자역학, 괴델의 불안정성 정리, 쿤의 과학사에 대한 연구 등 20세기의 발전은, '경성과학(hard science)'과 수학 분야에서조차 피할 수 없어 보이는 주관성에 이목을 끌게 만들었다. 레베카 골드스타인(Rebecca Goldstein)은 괴델 증명의 역사적인 맥락을 〈Incompleteness〉[5]라는 저서에서 보여준다.

---

4. 역자 주) 국내 번역본: 퍼지식 사고, 바트코스코, 김영사, 1995, ISBN 9788934902164
5. 역자 주) 국내 번역본: 불완전성, 레베카골드스타인, 승산, 2007, ISBN 9788961390088

○ 물리 법칙 → 이론 → 모델

일부 사람들은 법칙, 이론, 모델을 구분하지만 나는 모두 동일한 것이라 생각한다. '법칙'이란 단어를 사용하는 사람들은 그것이 객관적으로 참이며 불변한다고 믿는 경향이 있고, '이론'이라는 단어를 쓰는 사람들은 수정이 가능하다고 인정한다. 그리고 '모델' 이라는 말을 쓰는 사람들은 그것이 단순화와 추정에 기반한다는 사실을 인정한다.

'물리 법칙'이라고 불리는 개념들 중 몇 가지는 실제로는 정의이며, 다른 것들은 사실상 특정 모델이 어떤 시스템의 행동을 특히 잘 예측하거나 설명한다는 주장이다. 우리는 87쪽의 '설명적 모델'과 148쪽 '환원주의와 전체주의' 섹션에서 물리학 모델의 본질에 대해 다시 알아볼 것이다.

○ 결정론 → 비결정론

결정론은 모든 사건이 필연적으로 선행사건에 의해 결정된다는 시각이다. 비결정론의 형태에는 무작위성, 확률적 인과, 근본적 불확실성 등이 있다. 이 주제는 103쪽 '결정론'과 169쪽 '자유의지' 섹션에서 다시 다룰 것이다.

이러한 트렌드가 보편적이거나 완성되지는 않았지만 의견의 중심은 언급한 축을 따라서 이동하고 있는 중이다. 그 증거로, 토마스 쿤의 '과학혁명의 구조'에 대한 반응을 보면 알 수 있다. 이 책은 처음 출간되었을 때 매도 당했지만 지금은 논란의 여지조차 없는 것으로 취급된다.

이러한 트렌드는 복잡계 과학의 원인이자 결과다. 예를 들어 매우 추상적인 모델들은 예전보다 요즘 더 통용되는데, 이는 모든 시스템에 대한 고유한 모델이 있어야 한다는 기대가 줄어들었기 때문이다. 반면에 복잡계의 발전은 결정론 및 그와 관련된 물리 법칙들에 도전하게 되었다.

이번 장은 책에서 나올 테마들의 개괄적인 내용이었지만, 여러분이 실제로 예시를 보기 전까진 아마 이해하기 힘들 것이다. 책의 끝에 도달한 뒤에 이번 장을 다시 읽으면 도움이 될 것이다.

Chapter

2

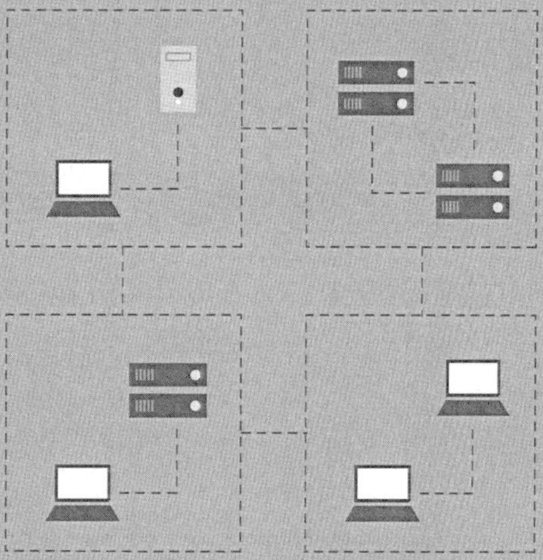

그래프

(Graphs)

2.1 그래프란 무엇인가?

많은 사람들이 '그래프'라고 하면 데이터 세트의 표현, 즉 막대 차트나 심전도 같은 것을 연상한다. 이 장에서 다루는 그래프는 그런 것이 아니다.

이 장의 **그래프** (graph)는 이산의, 서로 연결된 원소들이 포함된 시스템을 모델링하기 위한 추상화라고 생각해야 한다. 여기서 원소들은 **노드**[6]로 표현되고 상호 연결은 **연결선** (edge)으로 표현된다.

예를 들자면 도시 각각을 하나의 노드로, 도시들을 연결하는 도로를 연결선으로 표현해서 도로 지도를 그릴 수 있다. 또는 소셜 네트워크의 경우, 각 사람을 노드로 표현하고 사람들이 서로 '친구'인 경우 그들 사이에 연결선을 그리고, 그렇지 않은 경우 연결선으로 잇지 않는 식으로 표현이 가능하다.

어떤 그래프에서는 연결선들의 길이가 서로 다른데, 이것은 '가중치 (weight)'나 '비용 (cost)'이라고도 한다. 도로 지도에서 연결선의 길이는 두 도시 간의 거리를 나타낼 수도, 이동 시간을 나타낼 수도, 버스 요금을 나타낼 수도 있다. 소셜 네트워크에서라면 친구, 동업자 등 여러 가지 관계를 나타내기 위해 다른 종류의 연결선들이 존재할 수도 있다.

연결선은 대칭 관계를 나타낼 경우 **무방향** (undirected)일 수도 있고, 아니면 **방향**을 가질 수도 있다. 소셜 네트워크를 예로 들면 친구 관계는 대개 대칭이다. A라는 사람이 B와 친구라면, B는 A와 친구인 것이다. 그러니까 친구 관계는 무방향 연결선으로 표현하게 된다. 도로 지도에서라면 일방 통행인 길을 방향 연결선으로 표현한다.

그래프는 흥미로운 수학적 특성을 지니는데, **그래프 이론**이라는 수학의 분파도 따로 존재한다. 그래프는 현실 문제에도 유용하게 사용되는데, **그래프 알고리즘**을 사용해서 풀 수 있는 문제들이 많다. 예를 들어 다익스트라 (Dijkstra)의 최단경로 알고리즘은 그래프의 특정 노드에서 다른 모든 노드에 도달하는 최단경로를 효율적으로 찾게 해주는 알고리즘이다. **경로** (path)란 연속되는 쌍들 사이에 연결선이 존재하는 일련의 노드 순서를 말한다.

---

6. 역자 주) node, vertex라고도 한다. 그래프에서 점을 나타낸다.

굳이 찾으려 노력하지 않아도 현실의 문제와 그래프 알고리즘의 관련성이 빤히 보일 때도 꽤 있다. 도로 지도 예시에서 두 도시 간의 거리(또는 시간이나 비용)를 최소화하는 경로를 찾을 때 최단경로 알고리즘을 사용한다는 사실은 상상하기 어렵지 않다.

그러나 그래프 알고리즘을 사용해서 풀 수 있는 형식으로 문제를 표현하는 데 더 큰 노력이 드는 경우들도 있다.

방사성 붕괴 복잡계의 경우, 핵종(nuclide, 원자의 종류)마다 노드를 부여하고 하나의 핵종에서 다른 핵종으로 붕괴할 경우 둘 사이에 연결선을 잇는 그래프로 표현한다. 이 그래프에서 경로는 붕괴의 연쇄(chain)를 나타낸다. 더 많은 정보는 *http://en.wikipedia.org/wiki/Radioactive_decay*[7]를 참고하자.

두 핵종 사이의 붕괴 속도는 붕괴 상수 λ로 표현되며 베크렐(Bq) 또는 초당 붕괴 횟수로 측정한다. 여러분은 반감기인 $t_{1/2}$에 더 익숙할 수도 있는데, 반감기는 표본의 절반이 붕괴되는 데 걸리는 예상 시간이다. $t_{1/2} = \ln 2/\lambda$ 관계로 양쪽 정의를 변환할 수 있다.

현재까지 가장 좋은 물리학 모델을 보면 핵 붕괴는 근본적으로 무작위한 프로세스이며, 따라서 언제 원자가 붕괴할지 예측한다는 것은 불가능하다. 하지만 λ가 주어졌을 때 짧은 시간간격동안 하나의 원자가 붕괴할 확률 dt는 λdt이다.

여러 개의 붕괴 연쇄가 있는 그래프에서, 주어진 경로의 확률은 그 경로 상의 붕괴 프로세스 각각의 확률의 곱이 된다.

자, 여러분이 가장 높은 확률을 가진 붕괴 연쇄를 찾고 싶다고 하자. 각 연결선에 '길이' $-\log\lambda$를 부여하고 최단경로 알고리즘을 사용하면 쉽게 찾을 수 있다. 왜일까? 최단경로 알고리즘은 연결선들의 길이를 합하는데, 로그 확률을 더한다는 것은 확률을 곱하는 것과 동일하기 때문이다. 또한 로그에 마이너스를 붙였기 때문에 합이 최소인 것이 가장 큰 확률과 일치한다. 그래서 최단경로는 가장 일어날 확률이 높은 붕괴 연쇄가 되는 것이다.

---

7. 역자 주) 한글 페이지: http//ko.wikipedia.org/wiki/방사성_붕괴

다음은 그래프 알고리즘을 응용할 때 흔히 사용되는 유용한 프로세스다.

1. 실제 문제를 그래프 문제의 사례로 축소한다.
2. 결과를 효율적으로 계산하도록 그래프 알고리즘을 적용한다.
3. 계산 결과를 원래 문제의 해결책 관점으로 해석한다.

우리는 위 프로세스를 사용하는 다른 예시들을 곧 다시 다룰 것이다.

연습 2-1

그래프에 대한 위키피디아 페이지 *http://en.wikipedia.org/wiki/Graph_(mathematics)*[8]를 읽고 다음 문제에 대답해 보자.

1. 단순 그래프(simple graph)란 무엇인가? 이번 장의 나머지 부분에서 우리는 모든 그래프가 단순 그래프라고 가정한다. 이것은 많은 그래프 알고리즘에서 흔하게 쓰이는 가정이다. 너무 흔하기 때문에 따로 표기하지 않기도 한다.
2. 정규 그래프(regular graph)란 무엇인가? 완전 그래프(complete graph)란 무엇인가? 완전 그래프가 정규 그래프라는 것을 증명해 보아라.
3. 경로란 무엇인가? 순환(cycle)이란 무엇인가?
4. 숲(forest)이란 무엇인가? 나무(tree)란 무엇인가?

모든 노드에서 다른 모든 노드로 경로가 존재할 경우 그 그래프는 '연결'된 것이다.

8. 역자 주) 한글 페이지: https://ko.wikipedia.org/wiki/그래프. 이 페이지에서 노드는 꼭짓점, 연결선은 변이라고 표현되어 있다.

2.2 그래프 표현하기

그래프를 그릴 때는 일반적으로 노드를 동그라미나 사각형으로, 연결선을 선으로 그린다. 그림 2-1의 왼쪽은 3명으로 이루어진 소셜 네트워크를 보여준다.

오른쪽 그래프에서 연결선들의 가중치는 미국 동북부 도시들 간의 대략적인 이동시간(시간 기준)을 나타낸다. 이 경우, 노드의 배치는 도시들의 대략적인 지리적 위치를 반영하고 있지만, 일반적으로 그래프의 레이아웃은 임의로 배치된다.

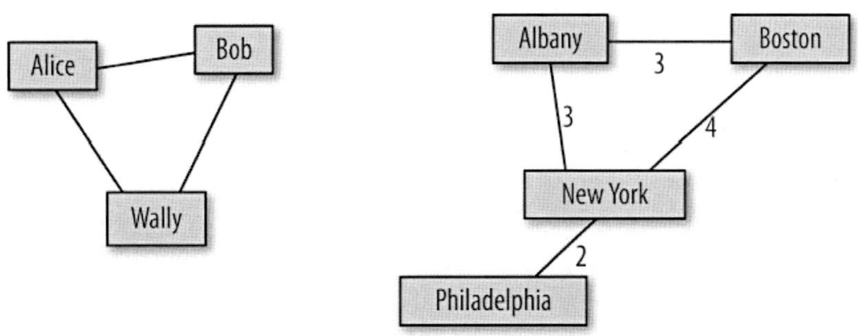

그림 2-1 그래프의 예시들

그래프 알고리즘을 구현하기 위해서, 여러분은 그래프를 데이터 구조의 형식으로 나타내는 법을 알아야 한다. 그러나 가장 좋은 데이터 구조를 선택하기 위해서는 그래프가 어떤 작업들을 지원해야 하는지를 먼저 알아야 한다.

이 같은 닭이 먼저냐 달걀이 먼저냐 하는 문제에서, 여러 가지 그래프 알고리즘에 쓰기 좋은 그래프 구조를 먼저 보여주고자 한다. 이후에 이 구조로 다시 돌아와 장단점을 평가해 보겠다.

다음은 다수의 딕셔너리로 이루어진 딕셔너리 구조로 그래프를 구현한 것이다.[9]

9. 역자 주) Node와 vertex는 동일한 의미다. 여기서는 vertex라는 단어를 썼기 때문에 약자를 v로 사용했으니 헷갈리지 말자. 또한 코드에서 Edge는 연결선을 의미한다.

```
class Graph(dict):
    def __init__(self, vs=[], es=[]):
        """새로운 그래프를 만든다. (vs)는 노드의 리스트다
        (es)는 연결선 리스트다"""
        for v in vs:
            self.add_vertex(v)
        for e in es:
            self.add_edge(e)
    def add_vertex(self, v):
        """ (v)를 그래프에 추가한다"""
        self[v] = {}
    def add_edge(self, e):
        """ 양방향으로 (e)를 그래프에 추가한다.

        이미 두 노드를 잇는 연결선이 존재한다면,
        새로운 노드가 그것을 대체한다.
        """

        v, w = e
        self[v][w] = e
        self[w][v] = e
```

첫 번째 줄은 Graph가 내장된 자료형 dict를 상속한다고 선언하고, 따라서 Graph 객체는 사전(dictionary)의 모든 연산자와 메소드를 갖게 된다.

더 자세히 말하면, Graph클래스에서는 외부 딕셔너리 안에 내부 딕셔너리가 들어있고, 외부 딕셔너리의 키인 Vertex v의 값은 내부 딕셔너리이며, 내부 딕셔너리의 키인 Vertex w의 값으로는 w와 v를 연결하는 Edge가 들어있는 것이다. 그래서 만약 g가 그래프 객체라면, g[v][w]는 연결선이 존재하는 경우 매핑이 된다. 그렇지 않으면 KeyError를 일으키게 된다.

__init__은 노드 리스트와 연결선 리스트를 선택적 인자로 받는다. 인자를 넣어주는 경우, add_vertex와 add_edge를 호출해서 그래프에 노드와 연결선이 추가된다.

노드를 그래프에 추가한다는 것은 외부 딕셔너리에 그 노드에 대한 항목을 만든다는 뜻이다. 연결선을 하나 추가한다는 의미는 동일한 연결선을 가리키는 두 개의 항목을 추가

하게 되는 것이므로, 구현되는 그래프는 무방향 그래프가 된다.

다음은 노드(Vertex)에 대한 정의다.

```
class Vertex(object):
    def __init__(self, label=''):
        self.label = label
    def __repr__(self):
        return 'Vertex(%s)' % repr(self.label)

    __str__ = __repr__
```

Vertex는 라벨 속성을 가지는 객체이다. 필요하게 되면 추후에 속성들을 추가할 수 있다.

__repr__은 객체를 문자열로 표현해 반환하는 특수한 함수다. __str__과 유사하지만, __str__이 사람이 읽을 목적으로 값을 반환한다면 __repr__은 파이썬의 공식 표현값을 반환한다는 차이가 있다.

내장 함수인 str 은 객체를 대상으로 __str__를 불러와 작동시킨다. 이와 유사하게 내장 함수 repr는 __repr__를 호출한다.

이 경우, Vertex.__str__과 Vertex.__repr__은 동일한 함수를 지칭하므로 어떤 것을 사용하든 같은 문자열을 얻게 된다.

다음은 Edge의 정의이다.

```
class Edge(tuple):
    def __new__(cls, e1, e2):
        return tuple.__new__(cls, (e1, e2))

    def __repr__(self):
        return 'Edge(%s, %s)' % (repr(self[0]), repr(self[1]))

    __str__ = __repr__
```

Edge는 내장 자료형인 tuple(튜플)을 상속하고, __new__ 메소드를 재정의한다. 일반적으로 여러분이 객체 생성자(object constructor)를 호출할 때, 파이썬은 __new__를 불러와서 객체를 생성한 뒤 __init__를 통해 속성들을 초기화한다.

변경 가능한 객체들에서 __init__를 재정의하고 __new__의 기본 구현값을 사용하는 것은 매우 흔한 일이지만, Edge는 튜플에서 상속을 받기 때문에 변경이 불가능한 객체다. 다시 말해 __init__에서 튜플의 원소들을 변경할 수 없다는 뜻이다. 그래서 __new__를 덮어씀으로써 우리는 인자들을 사용해 튜플의 원소들을 초기화할 수 있는 것이다.

다음은 두 개의 노드와 연결선 하나를 생성하는 예제다.

```
v = Vertex('v')
    w = Vertex('w')
    e = Edge(v, w)
    print e
```

Edge.__str__ 내부에서 self[0]이라는 용어는 v를 지칭하며 self[1]는 w를 지칭한다. 때문에 여러분이 e를 출력했을 때 나오는 결과물은 다음과 같다.

```
Edge(Vertex('v'), Vertex('w'))
```

이제 우리는 연결선과 노드를 모아서 그래프로 만들 수 있다.

```
g = Graph([v, w], [e])
    print g
```

결과는 다음과 같이 보인다(약간의 포매팅을 거친 것이다).

```
{Vertex('w'): {Vertex('v'): Edge(Vertex('v'), Vertex('w'))},
Vertex('v'): {Vertex('w'): Edge(Vertex('v'), Vertex('w'))}}
```

참고로 우리가 `Graph.__str__`를 굳이 쓸 필요는 없었다. `dict`에서 자동으로 상속되기 때문이다.

⌛ 연습 2-2

1. *http://thinkcomplex.com/GraphCode.py* 를 다운로드하자. 이번 장에 들어있는 코드들이 담겨있다. 그 파일을 스크립트로 실행하고, main에 들어있는 테스트 코드가 제대로 작동하는지 확인하자.
2. `GraphCode.py`를 복사해 `Graph.py`를 만들자. 3~9번에 있는 메소드들을 `Graph`에 추가하면서, 테스트 코드들도 추가하자.
3. `get_edge`라는 이름의 메소드를 작성하자. 두 개의 노드를 받아 그 사이를 연결하는 하나의 연결선을 반환하는 메소드로, 없을 경우 `None`을 반환해야 한다.

   try 구문을 써보자.
4. `remove_edge`라는 이름의 메소드를 작성하자. 연결선 하나를 받아, 그래프에서 그 연결선의 모든 참조를 삭제하는 메소드다.
5. 그래프에 있는 모든 노드의 리스트를 반환하는 `vertices`라는 이름의 메소드를 작성하자.
6. 그래프에 있는 모든 연결선의 리스트를 반환하는 `edges`라는 이름의 메소드를 작성하자. 우리의 무방향 그래프에서는 각 연결선마다 두 개의 참조가 있다는 사실을 염두에 두어야 한다.
7. `out_vertices`라는 이름의 메소드를 작성하자. 노드를 하나 받아 인접한 노드들(주어진 노드와 연결선으로 연결된 노드들)의 리스트를 반환하는 메소드다.
8. 노드를 하나 받아, 그 노드에 연결된 연결선들의 리스트를 반환하는 `out_edges`라는 이름의 메소드를 작성하자.

9. `add_all_edges`라는 이름의 메소드를 작성해 보자. 이 메소드는 연결선이 없는 그래프로 시작해 모든 노드 쌍 간에 연결선을 추가함으로써 완전 그래프를 만드는 메소드다.

테스트 코드를 작성하고 출력을 확인해서 여러분이 작성한 메소드를 테스트해 보자. 그리고 나서 *http://thinkcomplex.com/GraphWorld.py*를 다운로드한다. GraphWorld는 그래프를 시각화해주는 간단한 도구이다. Swampy의 **World** 클래스에 기반하고 있으므로, *http://thinkpython.com/swampy*에서 Swampy를 먼저 설치해야 할 수도 있다.

`GraphWorld.py`를 읽어나가면서 어떻게 동작하는지를 먼저 훑어보는 것이 좋다. 그리고 나서 실행한다. 그러면 여러분의 `Graph.py` 파일을 불러와서 10개의 노드로 이루어진 완전 그래프를 보여줄 것이다.

연습 2-3

`add_regular_edges`라는 이름의 메소드를 작성해 보자. 이 메소드는 연결선이 없는 그래프로 시작해서 모든 노드가 동일한 연결수를 갖도록 연결선을 추가하는 것이다. 노드의 '**연결수** (degree)'는 해당 노드에 연결된 연결선의 개수를 말한다.

연결수가 2인 정규 그래프를 만들기 위해, 여러분은 다음 코드와 비슷한 것을 쓰게 된다.

```
vertices = [ ... list of Vertices ... ]
g = Graph(vertices, [])
g.add_regular_edges(2)
```

주어진 연결수의 정규 그래프를 항상 만들 수 있는 것은 아니기 때문에, 이 메소드를 쓸 수 있는 전제조건을 알아낸 뒤에 작성해야 할 것이다.

코드를 테스트하기 위해서는 `Graph.py`와 `GraphWorld.py`를 불러온 뒤 여러분이 테스트하고자 하는 그래프를 생성하고 화면에 그려주는 `GraphTest.py`라는 파일을 만들어 보기를 추천한다.

2.3 랜덤 그래프

랜덤 그래프는 문자 그대로의 뜻을 가지고 있다. 무작위로 생성된 연결선들이 있는 그래프인 것이다. 그래프를 생성할 수 있는 무작위 프로세스는 당연히 여러 가지 종류가 있으며, 그래서 랜덤 그래프의 종류도 여러 가지다. 그 중에서 흥미로운 것이 $G(n, p)$로 나타내는 에어디쉬-레니(Erdős-Rényi) 모델이다. 해석하자면 두 개의 노드 사이에서 연결선이 존재할 확률이 p일 때, n개의 노드로 된 그래프를 생성하는 모델이다. *http://en.wikipedia.org/wiki/Erdos-Renyi_model*를 참고하자.

연습 2-4

RandomGraph.py라는 파일을 생성하고 RandomGraph 클래스를 정의하자. RandomGraph 클래스는 Graph에서 상속받아야 하며, 확률 p를 인자로 받아서 연결선이 없는 그래프에서 출발해 모든 두 노드 사이의 연결선이 존재할 확률이 p가 되도록 무작위로 연결선을 추가하는 add_random_edges라는 이름의 메소드를 제공해야 한다.

2.4 연결 그래프

모든 노드에서 다른 모든 노드로 경로가 존재할 때 그 그래프는 연결되었다고 말한다. *http://en.wikipedia.org/wiki/Connectivity_(graph_theory)*를 읽어보자.

그래프가 연결되었는지를 확인하는 간단한 알고리즘이 있다. 아무 노드에서나 탐색을 시작해서(대개 BFS: Breadth-First Search, 너비 우선 탐색을 사용) 닿을 수 있는 모든 노드를 표시하는 것이다. 그리고 나서 모든 노드에 표시가 되었나를 확인해 보면 된다.

너비 우선 탐색에 대해서는 *http://en.wikipedia.org/wiki/Breadth-first_search*[10]에서 읽어볼 수 있다.

일반적으로 노드를 처리할 때, 그 노드를 '**방문** visit'한다고 말한다.

탐색에서는 노드를 표시함으로써 그 노드를 방문하고(나중에 그 노드에 방문했었는지를 알 수 있도록), 그 다음에 연결된 노드 중에서 표시가 되어있지 않은 노드들을 방문한다.

너비 우선 탐색에서는 노드가 발견되는 순서대로 노드들을 방문하게 된다. 큐 또는 '작업 목록'을 사용해서 순서를 정리해 둘 수 있다. 어떻게 동작하는지 한 번 보자.

1. 아무 노드에서나 시작해서 그것을 큐에 추가한다.
2. 큐에서 노드를 하나 꺼내서 표시한다. 만약 그 노드가 표시되지 않은 노드에 하나라도 연결되어 있다면, 그것들을 큐에 추가한다.
3. 큐가 비어있지 않다면 2단계로 돌아간다.

연습 2-5

이름이 `is_connected`인 `Graph` 메소드를 만들어 보자. 이 메소드는 `Graph`가 연결되어 있을 경우 `Graph`를 반환하고, 다른 경우 `False`를 반환해야 한다.

2.5 폴 에어디쉬: 이동해 다니는 수학자, 스피드광

폴 에어디쉬 Paul Erdős는 헝가리 수학자로 경력 대부분을(1934년부터 1992년 사망 전까지) 떠돌아 다니며 전세계 대학들의 동료를 방문하고 500명이 넘는 연구자들과 공동으로 논문을 썼다.

10. 역자 주) 한글 사이트: *http://ko.wikipedia.org/wiki/*너비_우선_탐색

그는 악명 높은 카페인 중독자로 알려져 있는데, 죽기 직전 20년 동안은 암페타민의 열혈 사용자였다고도 한다. 그는 자신의 생산성을 이러한 약물들의 결과라고 보았다. 내기에서 이기기 위해 한 달 동안 약을 끊은 다음에 그가 말하기를 내기의 유일한 결과는 수학이 한 달 퇴보한 것이라고 할 정도였다.[11]

1960년대에 그와 알프레드 레니(Alfréd Rényi)는 에어디쉬-레니 랜덤 그래프 모델을 소개하고 속성에 대해 연구한 일련의 논문들을 썼다. 그 중 두 번째 논문은 *http://www.renyi.hu/~p_erdos/1960-10.pdf*에서 받을 수 있다.

그들이 발견한 가장 놀라운 결과는, 랜덤 그래프에 무작위 연결선들이 추가될 때 나타나는 갑작스러운 특성 변화였다. 그들은 여러 가지 그래프 속성들에서, 어떤 값 이하에서는 해당 속성이 희귀하지만 그 값 이상에서는 거의 확정적이게 만드는 확률 p의 문턱값이 있다는 사실을 보여주었다. 이러한 전환은 때로는 '상변화(phase change)'라고도 하는데 어떤 임계 온도를 기준으로 상태가 변화하는 물리계에 비유한 것이다. *http://en.wikipedia.org/wiki/Phase_transition*[12]를 참고하자.

연습 2-6

이러한 전환을 보여주는 속성 중에 하나는 연결성(connectedness)이다. 주어진 크기 n에 대해, $p < p^*$이면 랜덤 그래프인 $G(n, p)$가 연결되어 있을 가능성이 낮고, $p > p^*$이면 연결되어 있을 가능성이 매우 높은 임계값 p^*가 있다.

n과 p값들에 대해 랜덤 그래프를 생성하고, 연결된 값들의 비율을 계산함으로써 이러한 결과를 테스트하는 프로그램을 작성하라.

갑작스러운 전환이 n과 어떻게 관련이 있는가?

저자의 해답은 *http://thinkcomplex.com/RandomGraph.py*에서 다운로드할 수 있다.

---

11. 이 일화는 다음에서 가져왔다. *http://en.wikipedia.org/wiki/Paul_Erdos*
12. 역자 주) 한글 페이지: *http://ko.wikipedia.org/wiki/*상전이

2.6 반복자(Iterator)

파이썬 사전에 대한 문서를 읽었다면 iterkeys, itervalues, iteritems 메소드에 대해 들어봤을 것이다. 이 메소드들은 keys, values, items와 비슷하지만 새로운 리스트를 만드는 대신에 반복자를 반환한다는 차이가 있다.

반복자 (iterator)는 next라는 메소드를 제공하고 다음 순서에 있는 원소를 반환하는 객체다. 다음은 사전을 생성한 뒤 iterkeys를 사용해서 키를 읽어보는 예시다.

```
>>> d = dict(a=1, b=2)
>>> iter = d.iterkeys()
>>> print iter.next()
a
>>> print iter.next()
b
>>> print iter.next()
Traceback (most recent call last):
    File "<stdin>", line 1, in <module>
StopIteration
```

next의 첫 번째 호출에는 사전에서 첫 번째 키를 반환했다(키의 순서는 임의적이다). 두 번째로 호출되었을 때는 두 번째 원소를 반환했다. 세 번째와 그 이후는 StopIteration 예외를 발생시킨다.

반복자는 for 루프에서 사용할 수 있다. 예를 들어, 다음은 사전에서 키-값쌍을 읽어오기 위해 흔히 사용하는 코드다.

```
for k, v in d.iteritems():
        print k, v
```

이러한 맥락에서, iteritems는 items 보다 빠를 가능성이 큰데, 그 이유는 모든 튜플의 리스트를 만들지 않아도 되기 때문이다. 진행하면서 사전에서 직접 읽어오는 것이다.

그러나 반복자를 쓰는 것은 루프 안에서 사전의 키를 추가하거나 삭제하지 않을 경우에만 안전한 방법이다. 그렇지 않으면 예외가 발생한다.

```
>>> d = dict(a=1)
>>> for k in d.iterkeys():
    ... d['b'] = 2
...
RuntimeError: dictionary changed size during iteration
```

반복자의 또 다른 한계는 인덱스 연산이 지원되지 않는다는 것이다.

```
>>> iter = d.iterkeys()
>>> print iter[1]
TypeError: 'dictionary-keyiterator' object is unsubscriptable
```

인덱스된 접근이 필요하다면, keys를 사용해야 한다. 대안으로 파이썬 모듈 itertools는 여러 가지 유용한 반복자 함수를 제공한다.

사용자 정의된 객체도 next와 __iter__라고 이름 붙여진 메소드를 제공한다면 반복자로 사용될 수 있다. 다음 예시는 항상 True를 반환하는 반복자다.

```
class AllTrue(object):
    def next(self):
        return True
    def __iter__(self):
        return self
```

반복자에 대한 __iter__ 메소드는 반복자 자신을 반환한다. 이러한 프로토콜 덕에 반복자와 시퀀스 자료형들을 많은 상황에서 상호 교체해서 쓸 수가 있다.

AllTrue 같은 반복자들은 무한한 시퀀스를 표현한다. 이런 것들은 zip의 인자로 사용하기 좋다.

```
>>> print zip('abc', AllTrue())
[('a', True), ('b', True), ('c', True)]
```

2.7 생성자(Generator)

반복자를 만드는 가장 쉬운 방법은 많은 경우, **생성자**를 작성하는 것이다. 생성자는 yield 문을 포함하고 있는 함수로, yield는 return과 비슷하지만 실행 중인 함수의 상태가 저장되며 나중에 재개될 수 있다는 차이가 있다.

예를 들어, 아래 코드는 연속적인 알파벳을 내보내는 생성자다.

```
def generate_letters():
    for letter in 'abc':
        yield letter
```

여러분이 이 함수를 호출하면 반환되는 값은 반복자이다.

```
>>> iter = generate_letters()
>>> print iter
<generator object at 0xb7d4ce4c>
>>> print iter.next()
a
>>> print iter.next()
b
```

그리고 반복자는 for루프에서도 사용할 수 있다.

```
>>> for letter in generate_letters():
...     print letter
...
a
b
c
```

무한 루프로 된 생성자는 종료되지 않는 반복자를 반환한다. 예를 들어 보면, 다음은 알파벳들을 계속 순환하는 생성자이다.

```
def alphabet_cycle():
    while True:
        for c in string.lowercase:
            yield c
```

연습 2-7

a1부터 시작해서 **z1**, **a2**부터 **z2** … 등등으로 이어지는 무한한 시퀀스를 yield로 내보내는 생성자를 만들어 보자.

Chapter

3

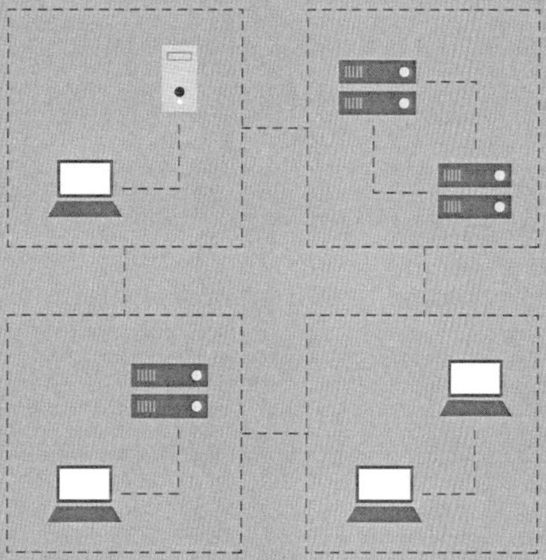

알고리즘 분석

알고리즘 분석은 알고리즘의 성능을 연구하는 컴퓨터 과학의 한 분야로, 특히 실행시간과 필요공간에 대해 연구한다. 더 많은 정보를 보려면 *http://en.wikipedia.org/wiki/Analysis_of_algorithms*[13].를 참고하자.

알고리즘 분석의 실질적인 목표는 디자인을 결정하기 위해서 여러 가지 다른 알고리즘들의 성능을 예측하는 것이다.

2008년 미국의 대선 캠페인 기간에 구글을 방문했을 때 버락 오바마 후보는 즉흥적인 분석을 해보라는 요청을 받았다. 에릭 슈미트 최고경영자는 그에게 농담 삼아 '100만 개의 32비트 정수들을 정렬하는 가장 효율적인 방법은 무엇이냐'고 물었다. 분명히 오바마는 누구에게 귀띔을 받았을 것이다. 재빠르게 '버블 정렬 알고리즘은 아닌 것 같군요'라고 했으니 말이다. 관련 영상은 다음 링크에 있다. *http://www.youtube.com/watch?v=k4RRi_ntQc8*

오바마의 말은 사실이다. 버블 정렬은 개념적으로는 단순하지만 큰 데이터세트를 대상으로 한다면 느릴 수밖에 없다. 아마 슈미트 최고경영자가 찾던 답은 '기수 정렬(radix sort)'이었을 것이다. (*http://en.wikipedia.org/wiki/Radix_sort*를 보자.)[14]

알고리즘 분석은 알고리즘들 간의 의미 있는 비교를 목표로 하지만, 몇 가지 문제점이 있다.

- 알고리즘의 상대적인 성능은 하드웨어의 특성에 달려 있으므로, 어떤 알고리즘이 기계 A에서 빠르다면, 기계 B에서는 다른 알고리즘이 빠를 수 있다. 이러한 문제를 해결하기 위해서는 일반적으로 '**기계 모델**(machine model)'을 지정하고, 주어진 모델의 조건 아래 조사하고자 하는 알고리즘에서 필요로 하는 단계(또는 연산)의 수를 분석한다.

---

13. 역자 주) 한글 페이지: *http://ko.wikipedia.org/wiki/*알고리즘_분석

14. 하지만 여러분이 인터뷰에서 저런 질문을 받는다면, 다음과 같이 대답하는 게 더 나은 답변이라고 생각한다. "백만 개의 정수를 정렬하는 가장 빠른 방법은 어떤 정렬 함수든 간에 내가 사용하는 언어에서 제공하는 알고리즘을 사용하는 것이다. 대부분의 어플리케이션에는 그 정도 성능이면 충분하지만, 어플리케이션이 너무 느리다고 생각되면 프로파일러를 사용해서 어디서 시간을 잡아먹는지를 알아볼 것이다. 만약 더 빠른 정렬 알고리즘을 사용함으로써 성능에 큰 변화가 일어나리라 예상된다면, 그때 구현이 잘 된 기수 정렬을 찾아보는 게 좋겠다."

- 상대적인 성능은 데이터세트의 세부 내용에 따라 달라질 수 있다. 이를테면 어떤 정렬 알고리즘들은 데이터가 미리 부분적으로 정렬되어 있을 때 더 빠르게 실행된다. 반면에 어떤 알고리즘들은 이런 경우 더 느리다. 이 같은 문제를 예방하기 위해서 흔히 쓰는 방법은 최악의 시나리오를 분석하는 것이다. 때로는 평균을 내는 성능 분석도 유용하지만 그것이 더 어려운 방법이기도 하고, 평균낼 케이스들이 불분명한 경우도 있다.
- 상대적인 성능은 또한 문제의 크기에 따라 다르기도 하다. 작은 리스트를 대상으로 실행했을 때 빠른 알고리즘이, 긴 리스트에 대해서는 느릴 수도 있다. 이러한 문제에 대한 일반적인 해결책은 실행시간(또는 연산 수)을 문제 크기에 대한 함수로 표현한 다음, 문제 크기가 증가함에 따라서 함수들을 점근적으로 비교하는 것이다.

이러한 방식의 비교는 알고리즘을 단순하게 분류하는 데 적합하다는 장점이 있다. 예를 들어서 내가 알고리즘 A의 실행시간이 입력 n의 크기에 비례하며, 알고리즘 B가 n^2에 비례한다는 사실을 알고 있다면, n이 클 때는 B보다 A가 빠르리라고 예상이 가능하다.

이 같은 분석법에는 몇몇 주의사항이 있으며 이에 대해서는 나중에 다루겠다.

3.1 증가 기준(Order of Growth)

여러분이 두 알고리즘을 분석하고 그들의 실행시간을 입력의 크기에 대한 함수로 표현했다고 치자. 알고리즘 A는 $100n+1$ 번의 단계를 밟아 크기 n인 문제를 풀 수 있고, 알고리즘 B는 n^2+n+1 번의 단계를 밟는다.

다음 표는 여러 가지 크기의 문제들에 대해, A와 B 알고리즘의 실행시간을 보여준다.

입력의 크기	A 알고리즘의 실행시간	B 알고리즘의 실행시간
10	1001	111
100	10001	10101
1000	100001	1001001
10000	1000001	$> 10^{10}$

$n = 10$일 때, 알고리즘 A는 별로 좋아 보이지 않는다. 알고리즘 B보다 무려 10배나 긴 시간이 든다. 하지만 $n = 100$인 경우 두 알고리즘의 시간은 유사해지고, 큰 값들일 때는 A가 훨씬 낫다.

이런 결과가 나오는 근본적인 이유는, n의 값이 클 때 n^2항을 포함하는 모든 함수는 최고차항이 n인 함수보다 빠르게 증가하기 때문이다. **최고차항**은 가장 높은 지수가 붙어있는 항을 일컫는다.

알고리즘 A의 최고차항은 꽤 큰 계수인 100이 붙어있는데, 그렇기 때문에 n이 작을 때 B가 A보다 좋은 성능을 내는 것이다. 하지만 계수와는 상관없이 $an^2 > bn$이 되는 n이 반드시 존재한다.

최고차항이 아닌 항들에 대해서도 동일한 주장이 적용된다. 알고리즘 A가 $n+1000000$일 때, 실행시간도 마찬가지로 n이 충분히 크다면 알고리즘 B보다 좋다.

일반적으로 최고차항이 낮은 알고리즘이 큰 문제에는 더 좋을 거라고 기대하게 되는데, 작은 문제들에 대해서는 다른 알고리즘의 성능이 더 좋은 **교차점**이 있을 수도 있다. 교차점의 위치는 알고리즘의 세부 사항, 입력 그리고 하드웨어에 따라 달라지며 따라서 알고리즘 분석이라는 목적 하에서는 일반적으로 무시된다. 하지만 염두에 두고는 있어야 한다.

만약 두 알고리즘의 최고차항이 동일하다면 어느 것이 더 좋다고 판단하기가 어렵다. 다시 말하지만, 정답은 세부 조건에 따라 다르다. 그래서 알고리즘 분석을 할 때는 동일한 최고차항을 가진 함수들은 계수가 다르더라도 등가로 취급한다.

하나의 **증가 기준** (order of growth)이란 각 함수의 점근적인 증가 형태가 등가로 취급되는 함수들의 집합이다. 예를 들어 $2n$, $100n$ 그리고 $n+1$은 동일한 증가 기준에 속한다. 이 기준은 **빅오 표기법** (Big O notation)에 따르면 $O(n)$으로 표현하며, 이 집합에 속한 모든 함수가 n에 대해 선형으로 증가하기 때문에 **선형**이라고도 부른다.

최고차항이 n^2인 모든 함수는 $O(n^2)$에 속한다. 이처럼 최고차항이 n^2인 함수를 **이차 함수**라고 한다.

다음 표는 알고리즘 분석에 가장 자주 나오는 증가 기준들이다. 표의 뒤로 갈수록 효율이 나쁘다.

증가	기준이름
$O(1)$	상수
$O(\log_b n)$	로그(모든 b에 대해서)
$O(n)$	선형
$O(nlog_b n)$	n 로그n
$O(n^2)$	이차
$O(n^3)$	삼차
$O(c^n)$	지수(모든 c에 대해서)

로그 항의 경우, 로그의 밑은 관계가 없다. 로그의 밑을 바꾸는 것은 상수를 곱하는 것과 마찬가지로 증가 기준을 변화시키지 않는다. 이와 유사하게, 모든 지수 함수는 지수의 밑과 관계없이 동일한 증가 기준에 속한다. 지수 함수들은 굉장히 빠르게 증가하며, 따라서 지수 함수로 된 알고리즘은 작은 문제에만 적합하다.

연습 3-1

1. n^3+n^2의 증가 기준은 무엇인가? $1000000n^3+n^2$은? $n^3+1000000n^2$은?

2. $(n^2+n)\cdot(n+1)$의 증가 기준은 무엇인가? 곱셈을 시작하기 전에, 최고차 항만 필요하다는 사실을 기억하자.

3. f가 어떤 정의되지 않은 함수 g에 대해 $O(\mathrm{g})$에 속한다면, $af+b$는 어떤가?

4. 만약 f_1과 f_2가 $O(\mathrm{g})$에 속한다면, f_1+f_2는 어떤가?

5. 만약 f_1이 $O(\mathrm{g})$에 속했고, f_2는 $O(h)$에 속해 있다면 f_1+f_2는 어떤가?

6. 만약 f_1이 $O(\mathrm{g})$에 속해 있고 f_2가 $O(h)$에 속해 있다면 $f_1 * f2$는 어떤가?

성능을 중요시하는 프로그래머들은 간혹 이런 종류의 분석을 받아들이기 어려워한다. 그들의 말도 일리는 있다. 때로 상수와 최고차항이 아닌 항들도 큰 차이를 만들 수 있고, 하드웨어의 상황과 프로그래밍 언어, 입력의 특성도 큰 차이를 만든다. 또한 작은 문제들의 경우, 점근적 행태는 그다지 관계가 없다.

하지만 여러분이 이 같은 주의사항을 숙지한다면, 알고리즘 분석은 유용한 도구가 될 수 있다. 적어도 큰 문제에 대해서 '더 나은' 알고리즘은 대개 더 좋고, 때로는 훨씬 더 좋다. 동일한 증가 기준을 가진 두 알고리즘의 차이는 대개 상수 인자이다. 그리고 좋은 알고리즘과 나쁜 알고리즘의 차이는 딱 정해진 것이 아니다!

3.2 파이썬 기본 연산 분석

대부분의 산술 연산은 상수 시간(constant time)이다. 곱셈은 덧셈이나 뺄셈보다 대개 오래 걸리고, 나눗셈은 더 오래 걸리지만, 이들의 실행시간은 피연산자의 크기와는 상관이 없다. 매우 큰 정수들은 예외이긴 하다. 그런 경우, 실행시간은 자릿수에 따라 증가한다.

인덱스 연산(시퀀스나 사전에 들어있는 원소들을 읽거나 쓰는 것) 또한 데이터 구조의 크기에 상관없이 상수 시간이다.

시퀀스나 사전을 쭉 거치는 for 루프는 본문에 있는 연산들이 모두 상수 시간인 한, 일반적으로 선형이라고 보면 된다.

```
total = 0
    for x in t:
        total += x
```

내장 함수인 sum 또한 선형으로, 위와 동일한 작업을 하지만 더 효율적으로 구현되었기 때문에 약간 빠를 뿐이다. 알고리즘 분석의 관점으로 표현한다면 최고차항의 계수가 더 작은 것이다.

하지만 여러분이 문자열리스트를 '더하는 데' 동일한 루프를 쓴다면, 문자열 연쇄(concatenate)가 선형이기 때문에 실행시간은 이차가 된다. 그래서 문자열 메소드인 join이 보통은 더 빠른데, 이 경우 문자열의 총 길이에 대해 선형인 이유 때문이다.

경험적으로 생각한다면 루프의 본문이 $O(n^a)$이면, 루프 전체는 $O(n^{a+1})$인 것이다. 하지만 여러분이 일정 숫자만큼 루프가 돌고 종료된다는 사실을 보일 수 있는 경우엔 예외다. 만약 어떤 루프가 n에 상관없이 k번 실행된다면, 그 루프는 k가 큰 수라고 하더라도 $O(n^a)$라고 봐도 무방하다.

k를 곱한다고 해서 증가 기준이 바뀌지는 않으며, 나눗셈도 마찬가지다. 그래서 만약 어떤 루프의 본문이 $O(n^a)$이고 n/k번 실행된다면, 그 루프는 k가 큰 수라고 하더라도 $O(n^{a+1})$이다.

상수 시간인 인덱싱과 `len`을 제외한 대부분의 문자열과 튜플 연산은 선형이다. 내장 함수인 `min`과 `max`도 선형이다. 슬라이스 연산의 실행시간은 출력의 길이에 비례하지만, 입력의 크기에는 독립적이다. 모든 문자열 메소드 또한 선형이지만, 문자열의 길이가 어떤 상수로 제약되어 있다면(예를 들어, 하나의 문자에 대한 연산이라든지) 상수 시간으로 취급한다.

리스트 메소드 대부분은 선형이지만, 몇몇 예외가 있다.

- 리스트의 끝에 원소를 더하는 것은 평균적으로는 상수 시간이다. 가끔 자리가 모자라면, 더 넓은 위치로 복사되긴 하지만 n번의 연산에 대한 전체 시간은 $O(n)$이기 때문에 하나의 연산에 대한 '할부 시간(amortized time)'은 $O(1)$이라고 말한다.
- 리스트의 끝에서 원소를 제거하는 것은 상수 시간이다.
- 정렬은 $O(n \log n)$이다.

사전 연산과 메소드 대부분은 상수시간이지만, 마찬가지로 몇 가지 예외가 있다.

- `copy`의 실행시간은 원소의 개수에 비례하나, 원소의 크기에는 비례하지 않는다(원소 자체가 아니라 레퍼런스만을 복사)
- `update`의 실행시간은 매개변수로 전달된 사전의 크기에 비례하며, 업데이트 되는 대상인 사전의 크기에는 비례하지 않는다.
- `keys`, `values` 그리고 `items`는 새로운 리스트를 반환하기 때문에 선형이다. `iterkeys`, `itervalues`, `iteritems`는 반복자를 반환하기 때문에 상수 시간이다. 하지만 반복자를 루프로 도는 경우 루프 자체는 선형이다. 'iter' 함수들을 쓰면 시간을 약간 줄여주지만, 여러분이 접근하고자 하는 원소의 개수를 고정시키지 않는 이상은 증가 기준을 변화시키지는 못한다.

사전의 성능은 컴퓨터 과학이 일으킨 작은 기적들 중 하나다. 43쪽의 '해시 테이블'에서 사전이 어떻게 작동하는지 알아본다.

연습 3-2

정렬 함수에 대해서 위키피디아 페이지 *http://en.wikipedia.org/wiki/Sorting_algorithm*[15]를 읽고 다음 질문에 대답해 보자.

1. 비교 정렬(comparison sort)이란 무엇인가? 비교 정렬에 대한 최고와 최악의 증가 기준은 무엇인가? 정렬 알고리즘 전체에서 최고와 최악의 증가 기준은 무엇인가?

2. 버블 정렬(bubble sort)의 증가 기준은 무엇이며, 왜 버락 오바마가 "그건 아닌 것 같다"고 했을까?

3. 기수정렬(radix sort)의 증가 기준은 무엇인가? 이걸 사용하려면 어떤 선제 조건이 있어야 하는가?

4. 안정 정렬(stable sort)는 무엇이며, 현업에서 이것이 왜 중요한가?

5. 최악의 정렬 알고리즘은 무엇일까?(이름이 붙어있는 것 중에서)

6. C 라이브러리가 사용하는 정렬 알고리즘은 무엇인가? 파이썬은 어떤 걸 쓰나? 이 알고리즘들은 안정 정렬에 속하나?

   정답을 찾으려면 구글링이 필요하다.

7. 비(非)비교 정렬의 대부분은 선형인데, 왜 파이썬에서는 $O(n \log n)$ 비교 정렬을 사용하나?

---

15. 역자 주) 한글 페이지: *http://ko.wikipedia.org/wiki/*정렬_알고리즘

3.3 검색 알고리즘 분석

검색은 어떤 집합과 목표 대상를 받아 그 대상이 해당 집합에 들어있는지를 판별하고, 때론 대상의 인덱스를 반환해 주는 알고리즘이다.

가장 단순한 검색 알고리즘은 '선형검색'으로, 집합의 항목들을 순서대로 지나가다가 대상을 찾으면 멈춘다. 최악의 경우 집합을 끝까지 지나야 하는 경우도 있으므로 실행시간이 선형이다.

시퀀스에 사용하는 `in` 연산자는 선형검색을 사용한다. `find`나 `count` 같은 문자열 메소드도 마찬가지다.

만약 시퀀스에 들어있는 원소들이 순서대로 되어있다면, $O(\log n)$인 **이분검색** (bisection search)을 사용할 수 있다. 이분검색은 여러분이 사전에서(자료형이 아닌 실제 종이사전) 단어를 찾고 싶을 때 쓰는 알고리즘과 굉장히 유사하다. 맨 앞에서 시작해서 순서대로 모든 항목을 확인하는 것이 아니라, 중간에서부터 시작해서 여러분이 찾고자 하는 단어가 그 앞에 오는지 뒤에 오는지를 확인하는 방법이다. 만약 앞에 온다면, 시퀀스의 앞 절반을 검색한다. 그렇지 않으면, 뒤쪽 절반을 검색한다. 어느 경우든 여러분은 남은 항목을 절반으로 줄일 수 있는 것이다.

만약에 시퀀스에 1,000,000개의 항목이 들어있다면 여러분이 원하는 단어를 찾거나 그것이 들어있지 않다는 결론을 내리는 데까지 20단계 정도가 걸린다. 그러니까 선형검색보다 50,000배는 빠르다.

연습 3-3

정렬된 리스트와 목표값을 받아서 그 값이 있다면 인덱스를 반환하고, 없다면 None을 반환하는 bisection이라는 함수를 작성하자.

bisect 모듈의 문서를 읽어보고 그걸 사용해도 된다!

이분검색은 선형검색보다 훨씬 빠르지만, 그러려면 시퀀스가 순서대로 되어있어야 하므로 추가 작업이 필요하다.

그것보다 더 빠른 **해시 테이블** (hashtable)이라는 자료형도 있다. 해시 테이블은 상수 시간으로 검색이 가능하며, 항목들이 정렬되어 있지 않아도 된다. 파이썬 사전들은 해시 테이블을 사용해서 구현되어 있어서 in 연산자를 포함한 사전 연산자들 대부분이 상수 시간이다.

3.4 해시 테이블

해시 테이블이 어떻게 작동하고, 왜 성능이 그렇게 좋은지를 알아보기 위해 간단한 맵 (map) 구현부터 시작해서 해시 테이블까지 차차 진행해 보도록 한다.

나는 파이썬으로 일일이 구현해서 설명하지만, 실생활에서는 코드를 이렇게 쓰지 않는다. 그냥 사전을 사용하면 된다! 따라서 이 장의 나머지 부분에서 여러분은, 사전이라는 것이 존재하지 않으며 키를 값에 매핑하는 자료형을 구현하려고 한다고 상상하면 되겠다. 여러분이 구현해야 할 연산은 다음과 같다.

`add(k, v)`:

키 k에서 값 v를 매핑하는 새 항목을 추가한다. 파이썬 사전 d에서 이러한 연산은 `d[k] = v`라고 쓴다.

`get(target)`:

키인 `target`에 대응하는 값을 검색해서 반환한다. 파이썬 사전 d에서 이러한 연산은 `d[target]` 또는 `d.get(target)`이라고 쓴다.

지금 단계에서는 각 키가 한 번씩만 등장한다고 가정하겠다. 이 인터페이스를 가장 단순하게 구현하는 방법은 튜플로 된 리스트를 사용하는 것으로, 각 튜플은 키-값 쌍이 된다.

```
class LinearMap(object):

    def __init__(self):
        self.items = []

    def add(self, k, v):
        self.items.append((k, v))

def get(self, k):
    for key, val in self.items:
        if key == k:
            return val
    raise KeyError
```

`add`는 키-값 튜플을 항목들이 들어있는 리스트에 추가하며, 이 작업은 상수 시간이다.

`get`은 `for` 루프를 사용해서 리스트를 검색한다. 만약 목표 키를 찾으면 그에 대응하는 값을 반환한다. 못 찾으면, `KeyError`를 일으킨다(따라서 `get`은 선형이다).

다른 대안으로는 리스트를 키로 정렬해 두는 방법이 있다. 그 뒤엔 `get`이 이분검색을 사용할 수 있으며, 그러면 $O(\log n)$이다. 하지만 리스트의 가운데에 새로운 항목을 삽

입하는 것이 선형이기 때문에 가장 좋은 옵션은 아닐 수 있다. add와 get을 로그시간으로 구현할 수 있는 다른 자료형도 있지만 (*http://en.wikipedia.org/wiki/Red-black_tree*), 그것조차 상수시간에 비하면 그다지 좋지 않으므로 이 정도로 하고 넘어가자.

LinearMap을 향상시킬 수 있는 방법 중 하나는 키-값 쌍으로 되어있는 리스트를 더 작은 리스트로 쪼개는 것이다. 다음은 LinearMaps 100개로 된 리스트인 BetterMap이다. 곧 다룰 것처럼, get의 증가 기준은 여전히 선형이지만 BetterMap은 해시 테이블로 가는 여정의 첫 단계라고 볼 수 있다.

```
class BetterMap(object):

    def __init__(self, n=100):
        self.maps = []
        fori in range(n):
            self.maps.append(LinearMap())

def find_map(self, k):
    index = hash(k) % len(self.maps)
    return self.maps[index]

def add(self, k, v):
    m = self.find_map(k)
    m.add(k, v)

def get(self, k):
    m = self.find_map(k)
    return m.get(k)
```

__init__은 n개의 LinearMap이 들어있는 리스트를 만든다.

find_map은 add와 get에서 사용되며 새로운 항목을 어느 맵에 넣어야 할지나 어느 맵을 검색할지를 알아낼 때 쓴다.

find_map은 내장 함수인 hash를 사용하는데, hash는 거의 모든 파이썬 객체를 받아 정수 하나를 반환한다. 그러나 이 find_map의 한계는 해시 테이블의 키에만 동작한다는 것으로, 변경 가능한(mutable) 자료형인 리스트나 사전은 해시가 불가능하다.

동일하다고 간주되는 해시 가능한 두 객체들은 동일한 해시값을 반환하지만, 그 반대가 참일 필요는 없다. 두 개의 다른 객체가 동일한 해시값을 반환할 수도 있는 것이다.

find_map은 나머지 연산자를 사용해서 해시값들을 0에서 len(self.maps) 범위 내로 포장(wrap)하며, 그래서 그 결과로 해당 리스트의 제대로 된 인덱스가 나온다. 당연하게도 그러면 여러 개의 다른 해시값들이 동일한 인덱스로 포장된다. 하지만 해시 함수가 골고루 잘 분배해 준다면(그걸 하라고 해시 함수가 설계된 거지만), 우리는 LinearMap 당 $n/100$개의 항목을 기대할 수 있다.

LinearMap.get의 실행시간이 항목의 개수에 비례하기 때문에, 우리는 BetterMap이 LinearMap보다 100배 가량 빠르리라고 예상할 수 있다. 증가 기준은 여전히 선형이지만, 최고차계수가 작아졌다. 그럭저럭 낫긴 해도 여전히 해시 테이블보단 별로다.

이제 해시 테이블을 빠르게 만드는 결정적인 아이디어를 소개한다. 만약 여러분이 LinearMaps의 최대 길이를 고정 유지할 수 있다면, LinearMap.get은 상수 시간이 된다. 여러분은 그저 항목의 개수만 잘 확인하고, Linear Map당 항목의 수가 한계치를 넘으면 LinearMap을 추가해서 해시 테이블의 크기를 조절하면 되는 것이다.

다음은 해시 테이블의 구현이다.

```
class HashMap(object):

    def __init__(self):
        self.maps = BetterMap(2)
        self.num = 0
    def get(self, k):
        return self.maps.get(k)
```

```
    def add(self, k, v):
        if self.num == len(self.maps.maps):
            self.resize()

        self.maps.add(k, v)
        self.num += 1

    def resize(self):
        new_maps = BetterMap(self.num * 2)

        for m in self.maps.maps:
            for k, v in m.items:
                new_maps.add(k, v)
        self.maps = new_maps
```

각각의 HashMap에는 BetterMap이 하나씩 들어있다. __init__은 단 두 개의 LinearMap을 가지고 시작해 항목의 개수를 기록하는 num을 초기화한다.

get은 앞과 동일한 get의 역할을 할 뿐이고, 여기서 실제 주목해야 할 작업은 add다. add는 항목의 개수와 BetterMap의 크기를 확인한 다음, 두 개가 동일할 경우 resize를 호출한다. 왜냐하면 두 숫자가 동일하면 LinearMap 당 평균 항목의 수가 1이라는 뜻이기 때문이다.

그러면 resize는 기존 것의 두 배 크기로 새로운 BetterMap을 만든 다음, 이전 맵에서 새 맵으로 항목들을 '재해싱(rehash)' 한다.

재해싱이 필요한 이유는 LinearMap의 개수를 변경하게 되면 find_map 내에 있는 나머지 연산자의 분모가 변경되기 때문이다. 그러면 이전에 동일한 LinearMap에 포장되어 있던 객체들이 나뉘어지게 되는데, 딱 우리가 원하던 작업이 아니겠는가?

재해싱은 선형 작업이고, 그러므로 resize도 선형이다. 내가 앞서 add가 상수 시간이 될 거라고 이야기했으니 이게 어찌된 일일까 싶겠다. 설명하자면 매번 크기를 늘릴 필요는 없기 때문에, add는 대개의 경우 상수 시간이고 가끔 resize를 할 때만 선형인 것이다.

그래서 n번 add를 실행하는 총 작업 시간은 n에 비례하며, 평균적인 add 1회에 걸리는 시간은 상수 시간인 것이다!

이게 어떻게 작동하는지 이해하려면, 빈 해시 테이블로 시작해 일련의 항목들을 추가한다고 생각해 보자. 두 개의 LinearMap으로 시작하니까 첫 두 번의 add는 빠르다(크기 조절이 필요없다). 그것에 각각 작업이 1 단위가 든다고 가정하자. 그 다음 add는 크기조절이 필요하니까 처음 두 항목들을 재해싱해야 하고(2 단위 작업이 추가된다고 하자), 그 다음에 세 번째 항목을 추가한다(1 단위가 더해진다). 그 다음 항목을 추가하는 데는 1 단위면 되니까, 그럼 4개의 항목에 대해서 총 6 단위의 작업이 걸린 것이다.

그리고 다음 add는 5 단위가 소요되지만, 이후 3개에 대해서는 각각 1 단위씩이 필요하게 된다. 즉, 맨 처음부터 add를 8번 하는 데까지 총 14 단위 작업이 든다는 얘기다.

그리고 다음 add는 9 단위가 필요하고, 다음 크기 조절 전까지 7개를 더 추가할 수 있으니까 그렇게 되면 맨 처음부터 add를 16번 하는 데까지 총 30단위의 작업이 필요하다.

32회의 add 이후엔 총 62개의 단위 작업이 소요되는데, 이쯤하면 여러분이 패턴을 눈치챌 때도 됐다. n번의 add 후에, n이 2의 거듭제곱이 되는 시점에서 총 작업 수는 $2n-2$가 되며, 따라서 add 당 평균적인 단위 작업 수는 2 보다 약간 작다. n이 2의 거듭제곱일 땐 그게 최선이다. n이 다른 숫자일 땐 소요되는 단위 작업이 좀 더 크지만 그게 중요한 문제는 아니다. 여기서 중요한 점은 알고리즘의 증가기준이 $O(1)$이라는 점이다.

그림 3-1를 통해 시각적으로 설명해 보겠다. 각 블록은 단위 작업을 나타내고 있다. 열은 각 add마다 필요한 단위의 합을 왼쪽부터 순서대로 보여준다. 처음 두 add는 한 단위만 소요되고, 세 번째는 3 단위가 소요되는 등으로 해석하면 되겠다.

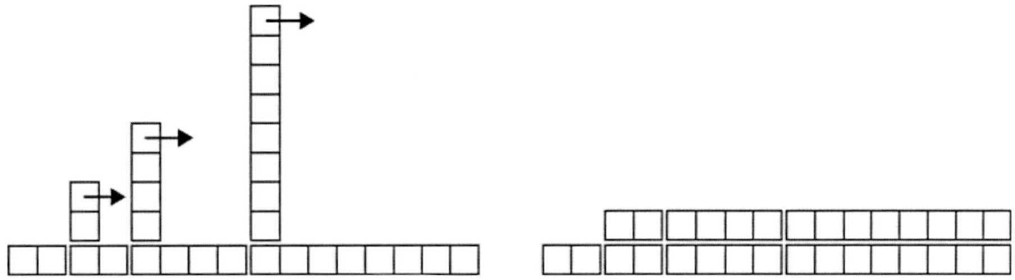

그림 3-1 해시 테이블 add 함수의 비용

추가적인 재해싱 작업은 점점 높은 탑으로 나타나며, 탑들 사이의 공간 또한 점점 멀어진다. 이제 탑을 눕혀서 모든 add에 들었던 크기 조절 비용을 분할해 보면, n번의 add를 한 총 비용이 $2n-2$라는 것을 시각적으로 볼 수가 있다.

이 알고리즘의 중요한 기능은 해시 테이블의 크기를 조정할 때 기하 급수로 증가한다는 점에 있다. 다시 말해, 어떤 상수를 곱해서 크기를 증가시킨다는 것이다. 산술적으로 크기를 늘린다면 (이를테면 매번 고정된 숫자를 더하는 것처럼) add 당 걸리는 평균 시간은 선형이 된다.

내가 구현한 HashMap은 *http://thinkcomplex.com/Map.py*에서 다운로드가 가능하다. 그러나 굳이 이걸 사용할 필요는 없다는 건 알고 넘어가자. 해시맵을 사용하고 싶으면 파이썬 딕셔너리를 쓰면 된다.

연습 3-4

내 HashMap 구현은 BetterMap의 속성에 직접 접근해서 객체 지향 설계가 잘 된 편은 아니다.

1. 특별한 메소드인 __len__은 내장 함수인 len으로 호출된다. BetterMap을 위한 __len__ 메소드를 작성하고 add에 사용해 보자.

2. 생성자를 사용해서 BetterMap.iteritems를 작성하고, 그것을 resize에 사용해 보자.

연습 3-5

해시 테이블의 결점은 원소들이 해시 가능해야 한다는 것인데, 다시 말해 원소들이 변경 불가능해야 한다는 뜻이다. 그래서 파이썬에서 사전의 키들로써 튜플은 사용이 가능하지만 리스트는 안 된다. 대안으로는 트리 기반의 맵(tree-based map)을 사용하는 것이 있다.

레드-블랙 트리[16]를 사용해서 add와 get을 로그 시간으로 수행하도록 TreeMap이라는 맵 인터페이스를 구현해 보자.

3.5 리스트 더하기

여러분이 많은 수의 리스트를 가지고 있는데, 그것들을 하나로 연결하고 싶다고 가정해 보자. 이 때 사용할 만한 방법이 파이썬에 세 가지가 있다.

- += 연산자를 쓴다.

```
total = []
    for x in t:
        total += x
```

- extend 메소드를 쓴다.

```
total = []
    for x in t:
        total.extend(x)
```

16. 역자 주) 이진 검색 트리의 일종으로, add 작업의 증가 기준이 $O(\log n)$인 자료 구조다. *https://ko.wikipedia.org/wiki/**레드-블랙_트리***를 참고하자.

- 또는 내장 함수 sum을 쓴다.

```
total = sum(t, [])
```

sum의 두 번째 인자는 총합에 줄 초기값이다.

+=, extend 메소드 그리고 sum 함수가 어떻게 구현되었는지를 모르면 성능을 분석하기 어렵다. 예를 들어 total+=x 가 매번 새로운 리스트를 생성한다면 루프가 이차이겠지만, total을 수정한다면 선형이다.

이를 알아내기 위해 소스코드를 읽어도 되지만 연습 삼아 실행 시간을 측정해서 알아보도록 하자.

간단하게 어떤 프로그램의 실행 시간을 측정하려면 os 모듈의 times 함수를 사용한다. times는 해당 프로세스에 사용된 시간을 실수로 이루어진 튜플로 반환해 준다(자세한 사항은 문서 참조). 참고로 나는 '사용자 시간'과 '시스템 시간'의 합을 반환하는 etime이라는 함수를 쓴다. (일반적으로 우리가 성능 측정을 할 때 관심을 가지는 건 이 두 시간의 합이다.)

```
import os
def etime():
    """여태까지 이 프로세스에 소모된 사용자 시간 및 시스템 시간을 보고
    그들의 합을 반환한다"""

    user, sys, chuser, chsys, real = os.times()
    return user+sys
```

함수의 경과 시간을 측정하기 위해서는 etime을 두 번 호출해서 그 차를 계산한다.

```
start = etime()

    # 측정하고자 하는 코드를 여기에 넣는다
    end = etime()
    elapsed = end - start
```

다른 방법도 있다. IPython을 쓰는 사람이라면 `timeit` 명령을 사용해도 된다. *http://ipython.scipy.org*를 참고하자.

만약 어떤 알고리즘이 이차라면, 실행 시간 t는 입력 크기 n에 다음과 같은 함수 관계를 가지리라고 예상할 수 있다.

$$t = an^2 + bn + c$$

여기서 a, b, c는 알려지지 않은 상수다. 양쪽에 대해 로그를 취하면 다음을 얻는다.

$$\log t \sim \log a + 2\log n$$

n의 값이 클 때, 최고차가 아닌 다른 항들은 의미가 없으며, 이러한 근사치는 꽤 잘 맞는다. 그러니까 만약 우리가 t와 n의 관계를 로그-로그 스케일의 그래프로 그린다면 기울기가 2인 직선이 나올 거란 얘기다.

이와 유사하게 만약 어떤 알고리즘이 선형이면 기울기가 1인 선을 기대하게 된다.

나는 리스트를 합치는 세 개의 함수를 작성했다. `sum_plus`는 `+=`를 사용하고, `sum_extend`는 `list.extend`를 그리고 `sum_sum`은 `sum`을 사용한다. 그리고 나서 설정한 범위의 `n`에 대해 세 함수의 시간을 잤고 그것을 로그-로그 스케일의 그래프로 그렸다. 그림 3-2와 그림 3-3은 그 결과이다.

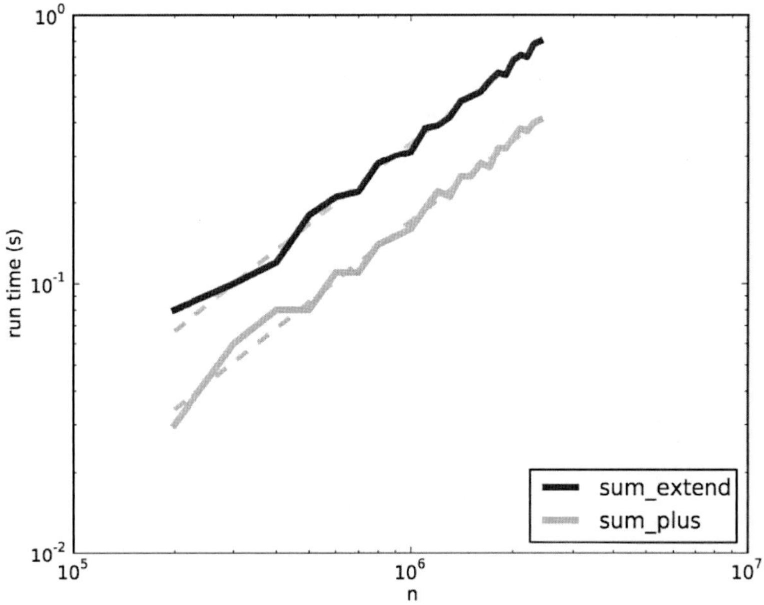

그림 3-2 n 대비 실행시간(점선들의 기울기는 1)

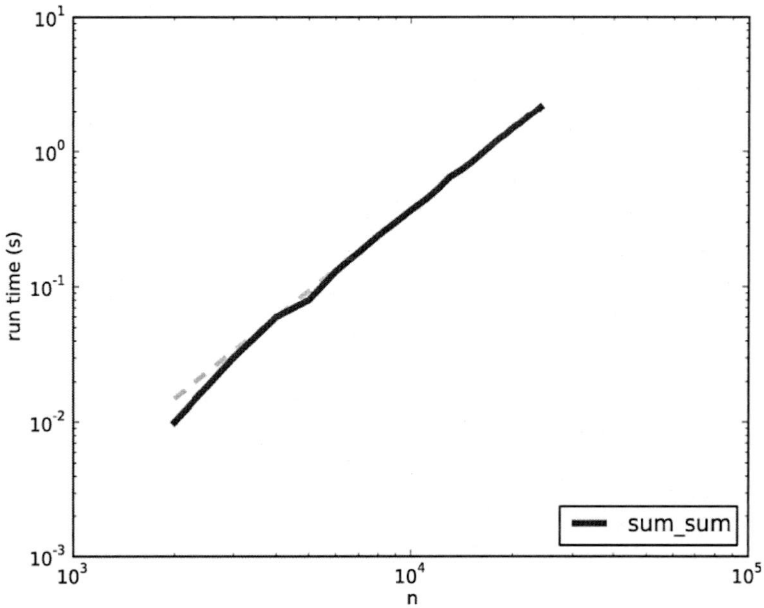

그림 3-3 n 대비 실행시간(점선의 기울기는 2)

그림 3-2에서, 기울기가 1인 직선을 곡선들에 겹쳐 보았다. 데이터는 이 선에 잘 적합(fit)되고 있으므로, sum_plus와 sum_extend의 구현은 선형이라고 결론지을 수 있다. +=를 사용하는 편이 더 빠르며 이는 extend 메소드를 매 루프마다 찾아보는 데는 약간의 시간이 더 걸리기 때문으로, 실행시간이 상수배 차이난다.

그림 3-3에서, 데이터는 기울기 2인 선에 적합이 되므로 sum의 구현은 이차라고 볼 수 있겠다.

3.6 pyplot

나는 이번 장에 있는 그림들을 만드느라 matplotlib의 일부인 pyplot을 사용했다. 여러분이 설치한 파이썬에 matplotlib가 포함되어 있지 않다면, 이 라이브러리를 설치하거나 그래프를 그릴 수 있는 다른 라이브러리를 설치해야 할 것이다.

다음은 간단한 그래프를 그리는 예제다.

```
import matplotlib.pyplot as pyplot


pyplot.plot(xs, ys)
scale = 'log'
pyplot.xscale(scale)
pyplot.yscale(scale)
pyplot.title('')
pyplot.xlabel('n')
pyplot.ylabel('run time (s)')
pyplot.show()
```

import as 명령문은 pyplot이라는 짧은 이름으로 matplotlib.pyplot에 접근이 가능하게 해준다.

plot은 x 값들로 된 리스트와 y 값들로 된 리스트를 받아 그래프로 그린다. 두 리스트는 동일한 길이여야 한다. xscale과 yscale은 두 축을 선형 또는 로그 축으로 만드는 역할을 한다.

title, xlabel, ylabel은 이름과 같이 제목, x축 라벨, y축 라벨을 만들어 준다. 끝으로 show는 그래프를 스크린에 보여준다. savefig을 쓰면 그래프를 파일로 저장할 수도 있다.

pyplot의 문서는 *http://matplotlib.sourceforge.net/*를 참고하면 된다.

연습 3-6

LinearMap, BetterMap 그리고 HashMap의 성능을 테스트하자. 증가 기준으로 특징지어 설명해 본다.

*http://thinkcomplex.com/Map.py*에서 필자의 맵 구현들을 다운로드할 수 있고, 이번 장에서 사용한 코드는 *http://thinkcomplex.com/listsum.py*에서 다운로드하자.

점근성은 보여주면서도 빠르게 실행될 만한 n값의 범위를 여러분 스스로 찾아야 할 것이다.

3.7 리스트 내포(List Comprehension)

프로그래밍을 할 때 가장 흔한 패턴 중 하나는, 새로운 리스트를 만들면서 기존 리스트를 순회하는 것이다.

다음은 리스트의 원소 각각을 제곱한 뒤 결과를 다른 리스트에 집어넣는 예시다.

```
res = []
    for x in t:
        res.append(x**2)
```

이러한 패턴은 너무 흔해서, 파이썬에서는 **리스트 내포**라고 불리는 좀더 간결한 문법을 제공하고 있다. 영어의 'comprehend'는 '이해하다'라는 뜻으로도 쓰이지만, 이 맥락에서는 '내포하다'라는 의미로 사용되었다고 보면 된다. 자세한 내용은 *http://en.wikipedia.org/wiki/List_comprehension*를 참고하자. 리스트 내포는 다음과 같은 형식을 띤다.

```
res = [x**2 for x in t]
```

이 표현은 앞서 본 루프와 동일한 결과를 산출한다. 리스트 내포가 빠른 경향이 있는데, 그 이유는 루프가 파이썬이 아닌 C로 실행된다는 데 있다. 다만 디버깅이 힘들다는 단점이 있다.

리스트 내포에 항목들의 부분집합을 선택할 수 있는 `if` 문을 포함시킬 수도 있다. 다음 예시는 `t`에서 양수인 원소들만 골라낸 리스트를 만드는 것이다.

```
res = [x for x in t if x > 0]
```

그리고 다음은 흔히 사용되는 관용적인 코드인데, 사전의 값과 키가 담긴 각각의 튜플들을 원소로 가지는 리스트를 만드는 것이다.

```
res = [(v, k) for k, v in d.iteritems()]
```

이 경우, `items` 대신 `iteritems`를 사용하는 게 안전한데, 그래야 루프가 사전을 변경하지 않기 때문이다. 또한, 리스트를 만들지 않아도 반복자가 있으면 되기 때문에 더 빠를 개연성이 크다.

리스트 내포 안에 for 루프들을 또 넣는 것도 가능하다. 다음 코드는 vs에 들어있는 노드 [vertice] 쌍들간에 Edge(연결선)들을 만드는 예시다.

```
edges = [Edge(v, w) for v in vs for w in vs if v is not w]
```

훑어본 예시들은 꽤 간결하고 좋았지만, 복잡한 리스트 내포를 사용하게 되면 읽기가 어려우므로 아껴서 적재적소에만 쓰도록 하자.

연습 3-7

Graph.py에 여러분이 작성했던 메소드들을 다시 검토하고 리스트 내포로 재작성이 가능한 것이 있는 확인해 보자.

Chapter

4

작은 세상 그래프

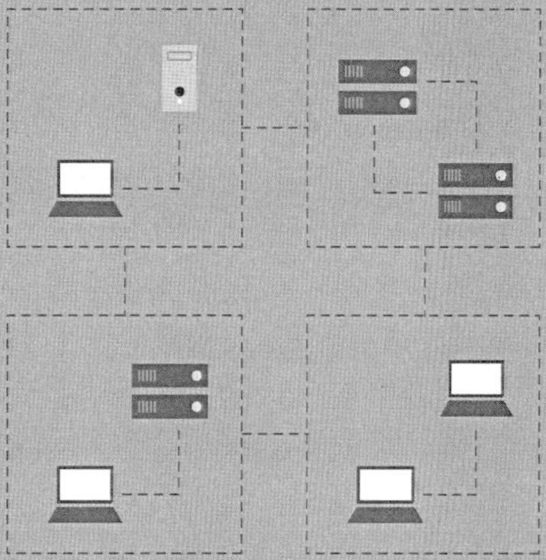

4.1 그래프 알고리즘 분석

그래프 알고리즘의 증가 기준은 대개 노드(vertice)의 개수 $|V|$와 연결선(edge)의 개수 $|E|$에 대한 함수로 표현한다.

그리고 BFS의 증가 기준은 $O(|V|+|E|)$로, 실행시간은 $|V|$나 $|E|$ 둘 중 '더 큰' 쪽에 비례해 늘어난다고 생각하면 편하다.

왜 그런지는 다음 네 개의 연산과 함께 생각해보자.

○ 노드를 큐에 추가

각 노드에 대해 한번씩 일어나므로 총 비용은 $O(|V|)$이다.

○ 노드를 큐에서 삭제

각 노드에 대해 한번씩 일어나므로 총 비용은 $O(|V|)$이다.

○ 노드를 '방문한' 것으로 표시

각 노드에 대해 한번씩 일어나므로 총 비용은 $O(|V|)$이다.

○ 노드가 표시되었는지 아닌지 확인

각 연결선에 대해 한번씩 일어나므로 총 비용은 $O(|E|)$이다.

이들을 합쳐서 $O(|V|+|E|)$를 얻게 되는 것이다. 만약 우리가 $|V|$와 $|E|$ 사이의 관계를 알고 있다면, 식을 좀 더 단순화시킬 수 있다. 예를 들어 정규 그래프에서 연결선의 개수는 $O(|V|)$이므로, BFS 알고리즘은 노드 개수에 비례한다. 완전 그래프에서 연결선의 개수는 $O(|V|^2)$이므로 BFS는 노드 개수의 제곱에 비례한다.

당연히, 이러한 분석은 네 연산(노드의 추가/제거, 표시/확인)이 모두 상수 시간이라는 것을 전제로 하고 있다.

노드에 표시를 하는 것은 쉽다. `Vertex` 객체에 속성을 추가하거나, 표시된 노드들을 집합에 넣고 `in` 연산자를 쓰면 된다.

하지만 노드들을 상수 시간으로 추가 및 삭제할 수 있는 선입선출(FIFO: first-in-first-out) 큐를 만드는 것은 생각만큼 쉽지 않다.

4.2 FIFO 구현

FIFO(선입선출 first-in-first-out)는 다음과 같은 연산들을 제공하는 데이터 구조다.

○ append

새로운 항목을 큐의 끝에 추가한다.

○ pop

큐의 맨 앞에 있는 항목을 제거하고 반환한다.

이 데이터 구조를 구현하는 좋은 방법은 여러 개가 있다. 하나는 **이중연결리스트**로, *http://en.wikipedia.org/wiki/Doubly-linked_list*[17]에서 자세한 내용을 읽어볼 수 있다. 또 다른 방법은 **원형 버퍼**이며 *http://en.wikipedia.org/wiki/Circular_buffer*[18]에서 읽어볼 수 있다.

17. 역자 주) *http://ko.wikipedia.org/wiki/*연결_리스트
18. 역자 주) *http://ko.wikipedia.org/wiki/*원형_버퍼

연습 4-1

이중연결리스트나 원형 버퍼를 사용한 FIFO를 구현해 보자.

다른 방법으로는 파이썬 사전과 두 인덱스를 사용하는 것이 있겠다. **nextin**은 큐의 뒤쪽을 기록하고, **nextout**은 큐의 앞쪽을 기록한다. 그리고 사전은 정수인 인덱스들을 값에 매핑한다.

다음은 레이몬드 헤팅어(Raymond Hettinger)의 방식이다. *http://code.activestate.com/recipes/68436/*에서 볼 수 있다.

```
class DictFifo(object):

    def __init__(self):
        self.nextin = 0
        self.nextout = 0
        self.data = {}

    def append(self, value):
        self.data[self.nextin] = value
        self.nextin += 1

    def pop(self, n=-1):
        value = self.data.pop(self.nextout)
        self.nextout += 1
        return value
```

append는 새로운 항목을 저장하고 **nextin**을 증가시키는데, 이 두 가지 연산은 모두 상수 시간이 소요된다.

pop은 마지막 항목을 제거하고 **netxout**을 증가시킨다. 마찬가지로, 두 연산 모두 상수 시간이다.

그 밖의 또 다른 대안으로는, 파이썬의 `collections` 모듈에 들어있는 **deque**라는 객체가 있다. '덱'이라고 부르며 'double-ended queue'의 약자다. 파이썬의 덱을 사용해서 FIFO를 구현할 수 있다.

덱에 대해서는 *http://en.wikipedia.org/wiki/Deque*에서 읽어보도록 하자. 파이썬의 덱 구현에 관해서는 *http://docs.python.org/lib/deque-objects.html*에 나와있다.

연습 4-2

다음 BFS에는 두 가지의 성능 오류가 있다. 무엇일까? 이 알고리즘의 실제 증가 기준은 어떻게 되는가?

```
def bfs(top_node, visit):
    """그래프의 너비 우선 탐색, top_node에서 시작함"""
    visited = set()
    queue = [top_node]
    whilelen(queue):
        curr_node = queue.pop(0)       # Dequeue
        visit(curr_node)               # Visit the node
        visited.add(curr_node)

        # 방문하지 않은 노드와 큐에 추가되지 않은 자식 노드를 큐에 추가
        queue.extend(c for c in curr_node.children
                     if c not in visited and c not in queue)
```

다양한 그래프 사이즈에 대해서 이 코드를 테스트한 다음, 분석결과를 확인해 보자. 그리고 나서 FIFO를 구현해서 오류를 바로잡고, 알고리즘이 선형이 되는 것을 확인하자.

4.3 스탠리 밀그램(Stanley Milgram)

스탠리 밀그램은 미국의 사회심리학자로, 사회과학에서 가장 유명한 두 가지 실험을 한 바 있다. 권위에 대한 복종을 알아본 밀그램 실험(*https://ko.wikipedia.org/wiki/밀그램_실험*)과 소셜 네트워크의 구조를 연구한 작은 세상 실험(*http://en.wikipedia.org/wiki/Small_world_phenomenon*)이 그것이다.

작은 세상 실험에서 밀그램은 캔자스 주 위치타에 사는 무작위로 뽑은 사람들에게 소포를 보내, 이름과 직업만 알려주고 동봉된 편지를 메사츠세추 주의 섀론에 사는 사람에게 전달해 달라고 부탁했다. (참고로 섀론은 필자가 자란 보스톤 근처에 있는 도시다.) 실험 참가자에게 대상을 개인적으로 아는 경우에만 직접 편지를 보내도록 했으며, 그렇지 않은 경우 자신이 생각하기에 대상인을 알 것 같은 친척이나 친구에게 동일한 설명과 함께 편지를 보내게 했다.

많은 편지는 아예 배달되지 않았지만, 배달된 편지들의 평균 경로의 길이(편지가 전달된 횟수)는 대략 6이었다. 이 결과를 통해 소셜 네트워크 상의 두 사람 사이의 거리는 일반적으로 '여섯 단계의 분리(six degrees of separation)'를 따른다는 이전 관찰(그리고 추측)을 확증하게 되었다.

이러한 결론이 놀라운 이유는, 대개의 사람들이 소셜 네트워크는 지역화되어 있다고 기대하며(사람들이 친구들의 근처에 사는 경향이 있다는 의미), 그러한 국지적인 연결이 많은 그래프에서는 경로의 길이가 지리학적인 거리에 비례해서 늘어나기 때문이다. 예를 들어서 내 친구들 대부분은 근처에 살고 있기 때문에, 나 같으면 소셜 네트워크 상에서 노드들 간의 평균 거리는 50마일 정도 될 거라고 추측할 것이라는 얘기다. 위치타는 보스톤에서 약 1600마일이나 떨어져 있으므로, 만약 밀그램의 편지들이 소셜 네트워크 상의 일반적인 연결을 따라 움직였다면 6이 아닌 32번의 연결을 넘었어야 했다.

4.4 와츠와 스트로가츠

1998년에 던칸 와츠(Duncan Watts)와 스티븐 스트로가츠(Steven Strogatz)는 네이처지에 작은 세상 현상에 대한 해석을 제시하는 〈작은 세상 네트워크의 집합적 역학(Collective dynamics of 'small-world' networks)〉이라는 제목의 논문을 발표했다. 다음 주소에서 다운로드할 수 있다. *http://www.nature.com/ nature/journal/v393/n6684/abs/393440a0.html*

와츠와 스트로가츠는 사람들이 잘 이해하고 있는 두 종류의 그래프로부터 시작했다. 바로 랜덤 그래프와 정규 그래프다. 그들은 이 그래프들에서 클러스터링과 경로의 길이라는 두 가지 특성을 살펴보았다.

○ 클러스터링(Clustering)

클러스터링은 '클리크(clique)'의 정도를 나타내는 지표다. 그래프에서 **클리크**라는 것은 서로서로 모두 연결된 노드들의 부분집합이다. 소셜 네트워크에서 클리크란 각자 서로를 아는 친구들의 집합이 되겠다. 와츠와 스트로가츠는 동일한 노드에 연결된 어떤 두 노드가 자기들끼리도 연결될 가능성을 수치화하는 것으로 클러스터링 계수를 정의하였다.

○ 경로의 길이(Path length)

경로 길이는 두 노드 쌍 사이의 평균 거리를 말하며, 소셜 네트워크에서의 분리 단계와 대응하는 말이다.

와츠와 스트로가츠의 초기 결과는 여러분이 예상한 것과 같았다. 정규 그래프에선 클러스터링 계수가 높고 경로의 길이가 길었고, 동일 크기의 랜덤 그래프에선 클러스터링 계수가 낮고 경로의 길이가 짧았다. 따라서, 높은 클러스터링 계수와 짧은 경로의 길이가 결합된 소셜 네트워크를 탐구하기엔 두 그래프 모두 좋은 모델이 아니었다. 그들은 생성적(generative) 소셜 네트워크 모델을 만드는 것이 목적이었다. **생성적 모델**이란 어떤 현상을 설명할 때, 그 현상을 만들거나 그 현상으로 이어지게 되는 프로세스를 모델링하는 방법이다. 이 경우, 와츠와 스트로가츠는 작은 세상 그래프를 만들어 내는 프로세스를 제시했다.

1. n개의 노드와 k개의 연결수를 가진 정규 그래프로 시작한다. 와츠와 스트로가츠는 정규 그래프의 일종인 격자 고리 모양의 그래프에서 시작했다.

2. 그 그래프의 연결선 일부를 선정해 '다른 곳에다 걸기(rewire)' 위해, 무작위 연결선으로 대체한다. 다른 챕터와 마찬가지로, 여러분은 이 논문이나 실험에 묘사된 절차를 다른 방식으로 따라해볼 수 있다.

다른 곳에 걸린 연결선의 비율을 나타내는 것이 매개변수 p로, 그래프가 얼마나 무작위적인지를 조절하는 변수다. $p=0$이면 해당 그래프는 정규 그래프이고, $p=1$이면 랜덤 그래프가 된다.

와츠와 스트로가츠는 p가 작은 값일 때 정규 그래프처럼 높은 클러스터링 계수를 가지지만, 랜덤 그래프처럼 짧은 경로 길이를 가진다는 사실을 발견했다.

연습 4-3

와츠와 스트로가츠의 논문을 읽고, 다음 질문에 답해 보자.

1. 와츠와 스트로가츠가 그래프를 재배치하기 위해 어떤 프로세스를 사용했는가?

2. 클러스터링 계수 $C(p)$의 정의는 무엇인가?

3. 평균 경로 길이 $L(p)$의 정의는 무엇인가?

4. 와츠와 스트로가츠가 조사한 현실의 그래프는 어떤 것들인가? 이러한 현실 그래프들이 그들이 모델로 생성해낸 그래프들과 동일한 구조를 가진다는 증거로 무엇을 보였는가?

연습 4-4

`SmallWorldGraph.py`라는 이름의 파일을 만들고, `RandomGraph`에서 상속하는 `SmallWorldGraph`라는 클래스를 정의하자.

연습 2-4를 풀었다면, 여러분은 각자 자신이 만든 `RandomGraph.py` 파일이 있을 것이다. 가지고 있지 않다면 *http://thinkcomplex.com/RandomGraph.py*에서 다운로드할 수 있다.

1. 확률 `p`를 매개변수로 받으며, 정규 그래프로 시작해서 와츠와 스트로가츠의 알고리즘으로 그래프를 재배치하는 `rewire`라는 메소드를 작성하라.
2. 논문에 정의된 것처럼 클러스터링 계수를 계산한 뒤 반환하는 `clustering_coefficient`라는 메소드를 작성하라.
3. 와츠와 스트로가츠의 논문 그림 2에 있는 선을 따라하는 그래프를 만들어 보라. 다시 말해, p가 작을 때 클러스터링 계수가 천천히 떨어진다는 사실을 확인하라.

여러분이 다른 선을 따라해볼 수 있으려면 우선 최단 경로 알고리즘에 대해 배워야 한다.

4.5 다익스트라(Dijkstra)

에스커 W. 다익스트라(Edsger W. Dijkstra)는 효율적인 최단 경로 알고리즘을 만든 네덜란드의 컴퓨터 과학자다(*http://en.wikipedia.org/wiki/Dijkstra%27s_algorithm* 참고). 그는 서로와 통신하는 프로그램들을 제어하는 데이터 구조인 세마포르도 발명한 바 있다. *http://en.wikipedia.org/wiki/Semaphore_(programming)*와 필자의 다른 저서인 〈The Little Book of Semaphore〉를 참고하자.

다익스트라는 컴퓨터 과학에 관한 에세이 시리즈의 저자로 유명했다(그리고 악명 높았다). 일부, 'GO TO 문에 대한 반대론(A Case Against the GO TO Statement)' 같은 것은 프로그래밍 업계에 엄청난 영향을 미쳤다. '제대로 전산 과학을 가르치는 잔인함에 대하여(On the Cruelty of Really Teaching Computing Science)' 같은 나머지 글들은, 심술궂어서 웃기지만 그만큼 덜 효과적이었다.

다익스트라의 알고리즘은 '단일 출발 최단경로 문제'를 해결하는데, 이는 주어진 출발지점에서부터 그래프의 모든 다른 노드로 향하는 가장 짧은 거리를 찾는다는 뜻이다. (적어도 연결된 모든 노드에 대해서는 찾는다.)

우리는 모든 연결선들의 길이가 동일하다고 간주하는 단순화된 버전의 알고리즘부터 시작하겠다. 조금 더 일반적인 버전은 음수가 아닌 길이의 모든 연결선이라면 동작한다.

단순화된 버전은 25쪽의 '연결 그래프'에서 나오는 너비우선 탐색(BFS)과 비슷하지만, 방문한 노드를 표시하는 대신 출발점에서부터의 거리를 라벨로 붙인다는 차이가 있다. 이 알고리즘은 처음에 모든 노드에 무한한 거리라는 라벨을 붙인다. 너비우선 탐색처럼, 다익스트라의 알고리즘도 발견한 미방문 노드가 들어있는 큐를 사용한다.

1. 출발 노드에 거리를 0으로 주고 큐에 추가한다. 다른 노드들에는 무한 거리를 준다.

2. 큐에서 노드를 하나 삭제하고, 그것의 거리를 d에 대입한다. 그 노드가 연결되어 있는 다른 노드들을 찾는다. 무한한 거리를 가지고 있는 연결된 노드들 각각에 거리 $d+1$으로 대체한 후 큐에 추가한다.

3. 큐가 비어있지 않다면, 2단계로 되돌아간다.

2단계를 처음 실행하면 큐에 있는 유일한 노드의 거리는 0이다. 두번째 실행에서는 거리가 1인 모든 노드가 큐에 들어있다. 그 노드들이 처리된 다음엔 큐에 거리 2짜리 노드들이 모두 들어있고, 이후에도 계속된다.

따라서 어떤 노드가 처음 발견될 때, 그 노드에는 거기까지 가는 최단거리인 $d+1$의 거리가 붙여진다. 여기서 나중에 더 짧은 경로를 발견하는 것은 불가능하며, 이는 만약 더 짧은 경로가 있었다면 그보다 먼저 발견했을 것이기 때문이다. 그러한 사실이 알고리즘의 정당성을 검증하지는 않지만, 귀류법의 구조를 보여준다고는 할 수 있다.

좀 더 일반적인, 연결선들의 길이가 다른 경우에는 긴 경로를 발견한 뒤에 더 짧은 경로를 발견하는 것도 가능하기 때문에 일이 조금 늘어난다.

연습 4-5

다익스트라 알고리즘을 구현하고 SmallWorldGraph의 평균 경로 길이를 계산하는데 써보자.

와츠와 스트로가츠 논문에 있는 그림 2의 선을 따라하는 그래프를 만들자.

평균 경로 길이가 p가 작을 때 빨리 떨어진다는 사실을 확인하라. 높은 클러스터링 계수와 짧은 경로 길이를 가지는 그래프를 만들어내는 p값의 범위는 무엇인가?

⌛ 연습 4-6

와츠와 스트로가츠 논문을 읽고 자연스럽게 떠오르는 질문은, 작은 세상 현상이 생산적 모델 특유의 것인지 아니면 비슷한 다른 모델들도 동일한 질적 결과(높은 클러스터링 계수, 짧은 경로 길이)를 만들어낼 수 있는지일 것이다.

이 질문에 대답하기 위해서, 와츠와 스트로가츠 모델의 변형들 중 하나를 골라 그것에 대해 그들의 논문에 삽입된 그림 2를 따라해보자. 고려해볼 만한 변형 모델 두 가지는 다음과 같다.

- 정규 그래프에서 시작하는 대신, 클러스터링 계수가 높은 다른 그래프로 시작해 보자. 지역적인 연결 그래프로 시작하는 것도 하나의 옵션이 될 수 있다. 노드들이 평면이 무작위로 위치하고 있고, 각 노드가 인접한 k개의 이웃들에 연결된 그래프로 시작해 보자.
- 다양한 종류의 연결선 재배치(rewiring)를 가지고 실험해 보자.

일정 범위 내의 유사 모델들이 비슷한 행동을 보인다면, 연구의 결과가 **견고**(robust)하다고 말할 수 있다.

⌛ 연습 4-7

SmallWorldGraph에서 평균 경로 길이를 계산하기 위해, 여러분은 아마도 그래프의 각 노드에 대해 다익스트라 단일 출발 최단경로 알고리즘을 실행했을 것이다. 사실상 여러분은 노드의 모든 쌍에 대한 최단 경로를 찾아내는 '모든 쌍의 최단경로(all-pairs shortest path)' 문제를 푼 것이다.

1. 모든 쌍의 최단경로 문제를 푸는 알고리즘을 찾아 구현해 보라. 그리고 나서 여러분이 만든 '모든 출발지에 대한 다익스트라' 알고리즘과 실행시간을 비교해 보자.

2. 노드와 연결선의 개수에 대한 함수로, 어떤 알고리즘이 더 나은 증가기준 및 실행시간을 갖는가? 왜 다익스트라의 알고리즘이 증가기준 분석이 제시하는 것보다 더 나은 성능을 낸다고 생각하는가?

4.6 어떤 종류의 설명인가?

내게 왜 행성 궤도가 타원형이냐 묻는다면, 아마 행성과 별 하나를 질점들로 해서 모델링을 시작할 것이다. *http://en.wikipedia.org/wiki/Newton's_law_of_universal_gravitation*에서 만유인력의 법칙을 찾아본 뒤 그걸 사용해서 행성의 움직임에 대한 미분방적식을 작성할 것이고 말이다. 그리고 나선 궤도 방정식을 유도하던지 아니면 *http://en.wikipedia.org/wiki/Orbit_equation*에서 찾아볼 확률이 더 높다. 약간의 대수학 계산으로 타원 궤도를 산출하는 조건들을 유도할 수 있을 것이다. 다음엔 우리가 행성이라고 간주하는 물체들이 이러한 조건을 만족한다고 주장하리라.

사람들, 적어도 과학자들은, 이러한 종류의 해석에 대개 만족한다. 모델이 내재하는 가정과 추정들이 합리적이라는 것이 이러한 방식이 매력적인 이유 중 하나다. 행성과 별들은 실제로 질점이 아니지만, 그들 사이의 거리가 너무 방대해서 그들의 실제 크기는 무시해도 될 정도다. 동일한 태양계에 있는 행성들은 서로의 궤도에 영향을 미칠 수 있으나 보통은 그 효과가 미미하며, 우리는 상대론적인 효과들도 영향이 작다는 가정 하에 무시한다.

이 설명이 매력적인 또 다른 이유는 방정식 기반이기 때문이다. 우리는 궤도 방정식을 닫힌 형태로 표현할 수 있는데, 이는 즉 궤도를 효과적으로 계산할 수 있다는 뜻이 된다. 또한 이는 궤도 속도, 궤도 주기 그리고 다른 수치들에 대해 일반 수식으로 유도할 수 있다는 것을 의미한다.

마지막으로, 내가 이런 설명 방식을 좋아하는 이유는 수학 증명의 형식을 띠고 있기 때문이다. 공리들에서 시작해서 논리와 분석을 통해 결과를 유도해낸다. 하지만 증명이 모델에만 적용되며, 현실에 꼭 적용되지 않는다는 사실을 기억하는 것이 중요하다. 즉, 우리는 이상화된 행성의 모델이 타원 궤도를 만들어낸 다는 것을 증명할 수 있는 것이지, 그 모델이 실제 행성에도 적용될 수 있는지를 증명할 수는 없다. (사실, 적용되지 않는다.)

그에 비해 와츠와 스트로가츠의 작은 세상 현상에 대한 설명은 덜 만족스러워 보인다. 첫째, 모델이 추상적이라서 현실과는 더 거리가 있다. 둘째, 결과가 수학적인 분석이 아닌, 시뮬레이션에 의해 생성된다. 마지막으로, 결과가 증명이라기보다는 예시에 가까워 보인다.

이 책에 있는 모델들 다수는 와츠와 스트로가츠 모델과 비슷하다. 추상적이고, 시뮬레이션 기반이고, (적어도 겉으로 보기엔) 전통적인 수학 모델보다 형식이 덜 갖춰졌다. 이 책의 목표 중 하나는 이러한 모델들이 제기하는 질문을 생각해보는 것이다.

- 이러한 모델들이 할 수 있는 일은 어떤 것들이 있는가? 예측인가, 설명인가, 둘 다인가?
- 이러한 모델들이 제시하는 설명이 전통적인 모델의 설명보다 덜 만족스러운가? 왜인가?
- 이러한 모델들과 전통적인 모델들의 차이를 어떻게 특징지어야 하는가? 종류가 다른 것인가, 아니면 정도의 차이만 있는가?

이 책의 내용을 따라가면서 이러한 질문에 나의 대답을 제시하고자 하지만, 그것은 잠정적이며 때로는 추측에 근거한 대답이다. 여러분이 내 대답을 의심하며 곱씹어 보고, 여러분 자신의 결론에 도달할 수 있기를 바란다.

Chapter

5

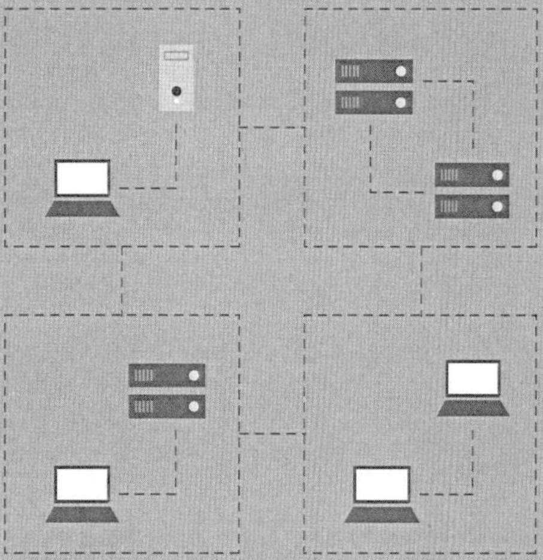

척도 없는 네트워크 (Scale-Free Networks)

5.1 지프의 법칙

지프의 법칙은 자연어에 있는 단어들의 빈도와 순위 사이의 관계를 설명하는 법칙이다. *http://en.wikipedia.org/wiki/Zipf%27s_law*[19].를 읽어 보자. 어떤 단어의 '빈도'는 하나의 작품에서 그 단어가 등장하는 횟수를 말하고, 단어의 '순위'는 빈도순으로 단어를 정렬했을 때 특정 단어의 위치를 말한다. 가장 흔히 출현하는 단어는 순위가 1이고, 두 번째로 자주 출현하는 단어는 2위인 것이다.

특히, 지프의 법칙은 순위가 r인 단어의 빈도 f를 다음과 같이 예측한다.

$$f = cr^{-s}$$

s와 c는 언어와 글에 따라 달라지는 매개변수다.
이 방정식의 양쪽에 로그를 취하면, 다음 식을 얻는다.

$$\log f = \log c - s \log r$$

따라서, $\log f$와 $\log r$의 관계를 그래프로 그리면 기울기가 $-s$이고 $\log c$가 절편인 직선이 나오게 된다.

연습 5-1

파일에서 텍스트를 읽어와서 단어 빈도를 세고, 빈도의 내림차순으로 단어별 한 줄씩을 출력하는 프로그램을 작성해 보자. `http://gutenberg.org`에서 저작권이 만료된 텍스트 형식의 책을 다운로드해 테스트해 보면 된다. 구두점을 먼저 제거해야 할 것이다.

시작하기 막막하다면 값을 빈도에 매핑하는 `Hist`라는 객체가 포함되어 있는 *http://thinkcomplex.com/Pmf.py*를 다운로드 받아도 된다.

19. 역자 주) *http://ko.wikipedia.org/wiki/*지프의_법칙

결과를 그래프로 그리고, 직선의 형태가 나타나는지 확인해 보라. 그래프에 대한 것은 54쪽의 'pyplot'을 참고한다. s의 값을 추정할 수 있는가?

필자의 답은 *http://thinkcomplex.com/Zipf.py*에서 확인 가능하다.

5.2 누적분포

분포란 값들이 모인 집합의 통계학적인 표현이다. 예를 들어, 여러분이 미국에 있는 모든 도시 및 마을의 인구를 수집한다면 여러분은 약 14,000개의 정수가 있는 집합을 갖게 되는 것이다.

이 집합에 대한 가장 간단한 표현은 숫자로 이루어진 리스트일 테고, 그렇게 표현한다면 완전하긴 하지만 별로 정보적 가치가 있는 설명이 아니다. 좀 더 간결한 표현으로 평균이나 분산 같은 통계적 요약도 있으나 그것들은 불완전한 설명이다. 동일한 통계량을 가진 다른 집합들이 많이 존재하기 때문이다.

다른 방법으론 히스토그램이 있다. 히스토그램은 값들의 범위를 '묶음 (bin)'으로 나누어 각 묶음 안에 속하게 되는 값들의 개수를 센다. 히스토그램은 많이 쓰는 방법이고 이해도 쉬우나 묶음의 크기를 정하는 것이 까다롭다. 묶음의 크기가 너무 작으면, 묶음에 들어가는 값들의 수가 적기 때문에 히스토그램에서 별다른 인사이트를 추출할 수가 없다. 반면에 묶음의 크기가 너무 크면 넓은 범위의 값들이 한데 뭉쳐져 버려서 어쩌면 중요할 수도 있는 정보들이 가려져 버릴 수도 있다.

그보다 나은 방법은 x에 대해 그보다 작거나 같은 값들의 비율을 표현한 **누적분포함수** (CDF)다. 여러분이 어떤 값을 랜덤하게 선택할 때, $CDF(x)$는 여러분이 x보다 작거나 같은 값을 얻게 될 확률인 것이다. n개의 값들로 이루어진 리스트의 경우 가장 단순히 CDF를 계산하기 위해서는 값들을 정렬하는 것이다. 그러면 i번째의 CDF 값은($i = 1$부터 시작한다고 가정) i/n이다.

나는 CDF를 생성 및 조작하기 위해 Cdf라는 클래스를 만들었다. *http://thinkcomplex.com/Cdf.py*에서 다운로드 받으면 된다.

한 가지 예시로 이제 값들 {1,2,2,4,5}에 대한 CDF를 계산해 보겠다.

```
import Cdf
cdf = Cdf.MakeCdfFromList([1,2,2,4,5])
```

MakeCdfFromList는 어떤 시퀀스나 반복자라도 받을 수 있다. 일단 cdf가 만들어지면, 주어진 값에 대한 확률, $CDF(x)$를 찾아낼 수 있다.

```
prob = cdf.Prob(2)
```

2보다 작거나 같은 값들은 전체의 3/5이므로 결과는 0.6이다. 또, 주어진 확률에 대한 값도 계산해낼 수 있다.

```
value = cdf.Value(0.5)
```

확률 0.5에 대한 값은 중앙값으로, 이 예제에서는 2이다.
Cdf를 그래프로 그리려면 값-확률 쌍들로 된 리스트를 반환하는 Render를 사용한다.

```
xs, ps = cdf.Render()
    for x, p in zip(xs, ps):
        print x, p
```

결과는 다음과 같다.

```
1 0.0
1 0.2
2 0.2
2 0.6
4 0.6
```

```
4 0.8
5 0.8
5 1.0
```

각각의 값은 두 번씩 나타난다. 그렇게 함으로써 CDF를 계단형 패턴으로 그릴 수가 있다.

```
import matplotlib.pyplot as pyplot
    xs, ps = cdf.Render()

    pyplot.plot(xs, ps, linewidth=3)
    pyplot.axis([0.9, 5.1, 0, 1])
    pyplot.title('CDF')
    pyplot.xlabel('value, x')
    pyplot.ylabel('probability, CDF(x)')
    pyplot.show()
```

그림 5-1은 값들 {1,2,2,4,5}에 대한 CDF다.

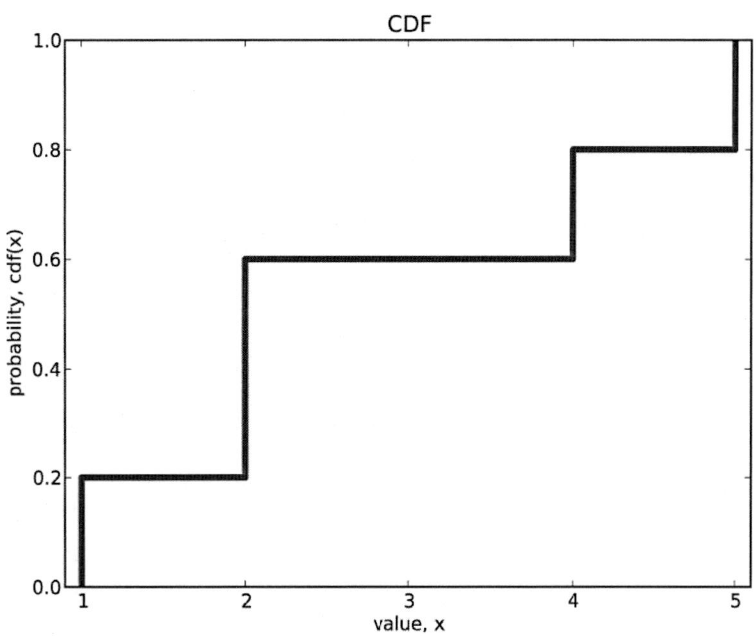

그림 5-1 값들 {1,2,2,4,5}에 대한 CDF

나는 각 값에 수직으로 된 선을 그렸는데, 이는 수학적으로는 옳지 않다. 더 엄격하게 CDF를 그리고자 한다면 불연속적인 함수로 그려야 한다.

> **연습 5-2**
>
> `Cdf.py` 파일에 있는 코드를 읽어보라. `MakeCdfFromList`와 메소드 `Prob`과 `Value`의 증가 기준은 어떠한가?

5.3 연속분포

여태까지 우리가 살펴본 분포들은 일종의 경험적 관찰에서 온 데이터로 만들어진 것이기 때문에 **경험분포** (empirical distribution)라고도 불린다.

또 다른 것으로 **연속분포**가 있는데, 연속적인 CDF 함수라는 특징을 가진 분포다. 이들 분포 중 몇몇, 가우시안이나 정규분포 같은 것들은 통계를 공부한 사람들에게 잘 알려져 있다. 연속분포는 현실에서 나타나는 여러 현상들을 어림짐작해 보는 데 유용하다.

예를 들어 붕괴를 감지할 수 있는 기구를 가지고 방사성 물질의 질량을 관찰하면, 두 번의 붕괴 사건사이의 시간 간격 분포는 지수함수를 따를 것이다. 어떤 시간에서든 사건이 일어날 확률이 동일한 연속적인 사건들인 경우에 이것은 동일하다.

지수함수의 CDF는 다음과 같다.

$$CDF(x) = 1\text{-}e^{-\lambda x}$$

매개변수 λ는 분포의 평균과 분산을 결정한다. 이 방정식은 어떤 데이터가 지수함수로 추정이 잘 될지를 알아보는 간단한 시각적인 테스트를 도출하는 데 사용할 수 있다. $\log - y$축으로 **상보누적분포함수** (CCDF; complementary cumulative distribution function)를 그리기만 하면 된다.

CCDF는 $1-CDF(x)$다. 여러분이 생각하기에 지수분포를 따르는 데이터에 대해 상보분포를 그린다면 다음과 같은 함수를 기대하게 된다.

$$y = 1 - CDF(x) \sim e^{-\lambda x}$$

이 방정식의 양쪽에 로그를 취하면 다음과 같다.

$$\log y \sim -\lambda x$$

따라서 로그 y스케일에서, CCDF는 $-\lambda$가 기울기인 직선으로 보여야 한다.

> **연습 5-3**
>
> 값 리스트와 그에 대응하는 확률 리스트를 받아 로그 y스케일로 CCDF를 그리는 `plot_ccdf`라는 함수를 작성해 보자.
>
> `random` 모듈에 있는 `expovariate`를 사용해서 지수분포로부터 100개의 값을 생성해 여러분이 작성한 함수를 테스트해 보자. 그리고 CCDF를 로그 y스케일로 그려보고, 직선을 따르는지 확인하자.

5.4 파레토 분포

파레토 분포는 빌프레도 파레토라는 경제학자가 부의 분포를 설명하는 데 사용한 분포로, 그의 이름을 따 명명되었다. *https://ko.wikipedia.org/wiki/**파레토_분포***를 참고하자. 그 이후로 사람들은 자연현상 또는 사회현상을 설명하는 데 이 분포를 사용하게 되었다. 예를 들자면 도시의 크기라든지, 모래 입자와 운석의 크기라든지, 산불과 지진의 규모 등이 있다.

파레토 분포는 다음과 같은 형태의 CDF이다.

$$1-\left(\frac{x}{X_m}\right)^{-\alpha}$$

매개변수 X_m과 α는 분포의 위치와 모양을 결정한다. X_m은 가능한 최소 수이다.

파레토 분포의 값들은 대개 다음과 같은 특성을 지닌다.

○ 롱테일(긴 꼬리)

파레토 분포는 다수의 작은 값들과 소수의 큰 값들이 포함되어 있다.

○ 80/20 법칙

파레토 분포에 들어있는 큰 값들은 매우 커서, 이들의 지분이 전체에 비해 불균형적이게 된다. 부라는 맥락에서 설명하면 80/20 법칙은 20퍼센트의 사람들이 80퍼센트의 부를 소유한다는 뜻이다.

○ 척도 없는(Scale free)

짧은 꼬리의 분포들은 '척도(scale)'라고 불리는 전형적인 크기에 집중된다. 예를 들자면 인간 성인의 대다수는 100에서 200cm 사이의 키를 가지고 있으며, 따라서 우리는 사람 키의 척도는 몇백 센티미터라고 할 수 있다. 하지만 롱테일 분포에서는 분포의 대부분을 포함시킬 수 있는 적당히 좁은 범위(2배 이내의 범위)가 존재하지 않는다. 이러한 분포를 '척도 없는' 분포라고 부른다.

파레토와 가우스 분포의 차이를 이해하기 위해, 사람의 키가 파레토 분포를 따른다고 상상해 보자.

파레토 세상에선 가장 작은 사람이 100cm이고, 중앙값은 150cm가 되는데 그 부분은 우리의 세상과 크게 차이가 없다. 하지만 파레토 분포를 따르는 60억 개의 값을 생성하면, 가장 큰 사람은 100km가 되어버린다! 척도가 없다는 건 그런 뜻이다.

어떤 경험적인 분포가 파레토 분포로 잘 설명되는지를 시각적으로 간단하게 알아보는 테스트가 있다. 로그-로그 스케일로, CCDF가 직선으로 보이나를 보면 된다. 유도 방식은 이전 섹션에서 본 것과 거의 유사하다.

CCDF의 방정식은 다음과 같다.

$$y = 1 - CDF(x) \sim \left(\frac{x}{x_m}\right)^{-\alpha}$$

양쪽에 로그를 취하면 다음 식이 나온다.

$$\log y \sim -\alpha(\log x - \log x_m)$$

따라서 여러분이 $\log y$ 대 $\log x$를 그래프로 나타내면, 기울기가 $-\alpha$이고 절편이 $\alpha \log x_m$인 직선으로 보여야 한다.

연습 5-4

로그-로그 스케일로 CCDF 그래프를 그리는 `plot_ccdf`를 작성해 보자.

다음은 여러분의 함수를 테스트하기 위해 `random` 모듈의 `paretovariate`을 사용해서 파레토 분포로부터 100개의 값을 생성해 보자. CCDF를 로그-y 스케일로 그려보고, 직선에 맞아 떨어지는지를 확인하라. 값들의 수를 늘림에 따라 곡선은 어떻게 되는가?

연습 5-5

도시와 마을들의 인구 분포는 현실에서 관찰이 가능한 파레토 법칙의 예시로 들어지곤 한다.

미국 인구 조사국은 미국의 모든 도시와 마을들의 인구에 대한 데이터를 출간한다. 그 데이터를 다운로드한 뒤 좀 더 편리한 형식으로 변형하는 프로그램을 작성해 두었으니, *http://thinkcomplex.com/populations.py*에서 다운로드 받아보자.

이 프로그램이 어떻게 작동하는지 코드를 잘 읽어보고, 데이터에 들어있는 14,593개의 도시 및 마을의 인구 분포를 계산하고 그래프로 그리는 코드를 짜보라.

CDF를 선형과 로그-x 스케일로 그려서, 이 분포의 모양이 어떤지를 대충 알아보자. 그리고 난 뒤 로그-로그 스케일로 CCDF를 그려서 파레토 분포의 특징적인 모양이 나오는지를 보도록 하자.

도시 및 마을의 크기 분포에 대해 어떤 결론을 내릴 수 있는가?

5.5 바라바시와 알버트

1999년에, 바라바시(Barabási)와 알버트(Albert)는 사이언스 지에 '랜덤 네트워크에서 나타나는 스케일링의 창발(Emergence of Scaling in Random Networks)'이라는 논문을 냈다. 이 논문은 영화배우들 간의 상호연결성, 월드와이드웹(WWW) 페이지, 미 서부의 전력망 등을 나타내는 그래프를 포함한 몇몇 현실 세계 네트워크들의 구조('토폴로지' 라고도 한다)를 연구하는 것이었다. 논문은 *http://www.sciencemag.org/content/286/ 5439/509*에서 다운로드할 수 있다.

여기서 그들은 각 노드의 연결수를 측정한 다음 $P(k)$, 어떤 노드가 k개의 연결수를 가질 확률을 계산했다. 그리고 나서 $P(k)$와 k의 관계를 로그-로그 스케일의 그래프로 그렸다. 해당 그래프의 꼬리 부분은 직선에 적합되었고, 따라서 그들은 이 분포가 **멱함수 법칙** (power law)을 따른다고, 즉 k가 커지면서 $P(k)$는 $k^{-\gamma}$에 점근하게 된다고 결론내렸다. 여기에서 γ란 감쇠율을 나타내는 매개변수다.

이들은 또한 동일한 속성을 가진 랜덤 그래프들을 생성해내는 모델을 제시했다. 에어디쉬-레니 모델이나 와츠-스트로가츠 모델과 차별화되는 이 모델의 핵심적인 기능은 다음과 같다.

○ 성장(Growth)

고정된 노드 개수로 시작하는 대신, 바라바시와 알버트는 작은 그래프로 시작해 서서히 노드를 추가한다.

○ 선호적 연결(Preferential attachment)

새로운 연결선이 생성될 때, 그 선은 이미 연결선이 많은 노드에 연결될 확률이 더 높다. 이러한 '부익부 빈익빈' 효과는 일부 현실 네트워크들의 성장 패턴이 가지는 특징이다.

마지막으로, 바라바시와 알버트는 이 모델로 만들어지는 그래프의 연결수 분포가 멱함수를 따른다는 사실을 논문에서 보였다. 이러한 속성을 가진 그래프들은 때로 **척도 없는 네트워크**라고도 불린다. *http://en.wikipedia.org/wiki/Scale-free_network* 를 참고하자. 이러한 이름이 헷갈릴 수도 있다. 척도가 없는 것은 연결수의 분포이지, 네트워크가 아니기 때문이다.

혼란을 더 가중시켜 보자면, 멱함수 법칙을 따르는 분포들은 때로 **스케일링 분포** (scaling distribution)라고도 부르는데, 그 이유는 이 분포들은 척도가 바뀌더라도 불변하기 때문이다. 그 말은 여러분이 표현되는 단위를 바꾸더라도, 기울기 매개변수인 γ는 변하지 않는다는 뜻이다. 더 자세한 내용은 *http://en.wikipedia.org/wiki/Power_law*에서 읽어보면 되지만 우리가 다루고 있는 내용에는 크게 중요하지 않은 부분이다.

연습 5-6

이번 연습은 와츠-스트로가츠(WS)와 바라바시-알버트(BA) 모델을 연관짓는 것이다.

1. 바라바시와 알버트의 논문을 읽어보고, 그들이 네트워크를 생성하는 데 사용한 알고리즘을 구현해 보라. 150,000개의 노드로 이루어진 네트워크에 대해 $P(k)$ 대비 k를 보여주는, 논문의 그림 2(A)를 따라할 수 있나 확인해 본다.

2. WS 모델을 사용해서 적절한 시간 내에 만들어낼 수 있는 가장 큰 네트워크를 만들어본다. $P(k)$ 대 k를 그린 다음, 꼬리의 특성이 나타나는지 확인해 본다.

3. BA 모델로 1,000개 정도의 노드로 된 네트워크를 만들어보고, 와츠-스트로가츠 논문에서 정의한 것처럼 경로 길이와 클러스터링 계수를 계산해보자. 척도 없는 네트워크가 작은 세상 그래프의 특성을 가지는가?

5.6 지프, 파레토 그리고 멱함수 법칙

지금까지 우리는 로그-로그 그래프 상의 직선이 나타나는 세 가지 현상을 알아보았다.

○ **지프 그래프**

순위에 대한 빈도수

○ **파레토 CCDF**

파레토 법칙의 상보누적분포함수

○ 멱함수 법칙 그래프

빈도수 히스토그램

이 세 가지 그래프의 유사성은 우연이 아니다. 이 시각적인 테스트들은 서로 밀접한 관련이 있다. 멱함수 그래프부터 시작하면, 우선 다음 식이 있다.

$$P(k) \sim k^{-\gamma}$$

척도 없는 그래프에서 우리가 무작위로 노드를 하나 선택할 때, $P(k)$는 그 노드의 연결수가 k일 확률이다.

누적분포함수 $CDF(k)$는, 연결수가 k보다 적거나 같을 확률이기 때문에 다음과 같이 합계를 내서 얻을 수 있다.

$$CDF(k) = \sum_{i=0}^{k} P(i)$$

k의 값이 클 때, 적분을 통해 합계를 추정할 수 있다.

$$\sum_{i=0}^{k} i^{-\gamma} \sim \int_{i=0}^{k} i^{-\gamma} = \frac{1}{\gamma-1}(1-k^{-\gamma+1})$$

이것을 형식을 갖춘 CDF로 만들기 위해서 k가 무한대로 갈 때 1로 가도록 정규화할 수도 있지만, 다음 식만 알면 되므로 어차피 불필요한 작업이다.

$$CDF(k) \sim 1-k^{-\gamma+1}$$

그러면 k의 분포가 $\alpha = \gamma - 1$인 파레토 분포에 점근한다는 사실을 보여준다.

유사하게, 지프 그래프의 직선에서 시작한다면 이렇게 된다.[20]

$$f = cr^{-s}$$

여기서 f는 순위가 r인 단어의 빈도수다. 이 관계를 뒤집으면 다음과 같다.

$$r = (f/c)^{-1/s}$$

이제 1을 빼고 단어 종류의 수, n으로 나누게 되면 다음을 얻는다.

$$\frac{r-1}{n} = \frac{(f/c)^{-1/s}}{n} - \frac{1}{n}$$

이는 매우 흥미로운데, 만약 r이 어떤 단어의 순위라면, $(r-1)/n$은 그보다 순위의 숫자가 더 낮은 단어들이 차지하는 비율이고, 다시 말해 그것은 빈도수가 더 높은 단어들의 비율이니까, 결론적으로 빈도수 분포의 CCDF가 되는 것이다.

$$CCDF(x) = \frac{(f/c)^{-1/s}}{n} - \frac{1}{n}$$

n이 클 때의 점근적 특성을 보자면, c와 $1/n$은 무시할 수 있기 때문에 다음 식이 된다.

$$CCDF(x) \sim f^{-1/s}$$

이것은 만약 어떤 단어 집합이 지프의 법칙을 따른다면, 그들의 빈도수 분포는 $\alpha = 1/s$인 파레토 분포에 점근한다는 사실을 보여준다.

따라서 언급한 세 가지 눈으로 보는 테스트들은 수학적으로는 동일하다. 한 가지 테스트를 통과하는 데이터라면 세 가지 테스트 모두를 통과할 것이다. 하지만 현실적으로는 멱함수 그래프는 CCDF의 도함수이기 때문에 다른 두 개보다 훨씬 노이즈가 많다.

---

20. Adamic, "Zipf, power law and Pareto−a ranking tutorial"의 도출 방식을 따랐다. *http://www.hpl.hp.com/research/idl/papers/ranking/ranking.html*에서 볼 수 있다.

지프와 CCDF 그래프가 더 견고하지만, 지프의 법칙은 연속적인 수치가 아닌 이산 데이터(단어 같은)에만 적용이 가능하다. CCDF는 양쪽 다 쓸 수 있다.

이러한 이유들로(견고함과 보편성) CCDF를 사용하기를 추천한다.

연습 5-7

스탠포드 대학의 대규모 네트워크 데이터셋 모음The Stanford Large Network Dataset Collection은 소셜 네트워크, 커뮤니케이션과 공동 작업, 인터넷, 도로 네트워크 등 다양한 종류의 네트워크 데이터를 가지고 있는 저장소이다. *http://snap.stanford.edu/data/index.html*를 참고하자.

이 데이터들 중에서 하나를 다운로드해 이리저리 탐구해 보라. 작은 세상의 특징이 보이는가? 척도 없는 네트워크인가? 그 외에는 무엇을 발견할 수 있는가?

5.7 설명적 모델

우리는 소셜 네트워크 상의 경로 길이가 놀랄만큼 작다는 것, 즉 '여섯 단계의 분리'를 보여준 밀그램의 작은 세상 실험으로 네트워크에 대한 논의를 시작했다.

우리는 무언가 놀라운 것을 볼 때, '왜?'라고 자연스럽게 질문하게 되지만, 때로 우리가 찾고자 하는 답이 어떤 것인지는 분명치가 않다. **설명적 모델**(그림 5-2)이 한 가지 종류의 답이 될 수 있다. 설명적 모델의 논리적인 구조는 다음과 같다.

1. 어떤 시스템 S에서, 우리는 설명을 필요하게 만드는 관찰 가능한 O를 본다.
2. 시스템과 유사성을 가지는 어떤 모델 M을 만든다. 다시 말해, 모델에 있는 요소들과 시스템의 요소들 사이의 대응 관계가 있다.

3. 시뮬레이션이나 수학적 도출을 통해서, 해당 모델이 O와 유사한 어떤 행동 B를 한다는 사실을 보인다.

4. 우리는 S가 O를 보이는 '이유'가, S가 M과 유사하며, M이 B를 보이며, B는 O와 비슷하기 때문이라고 결론을 내린다.

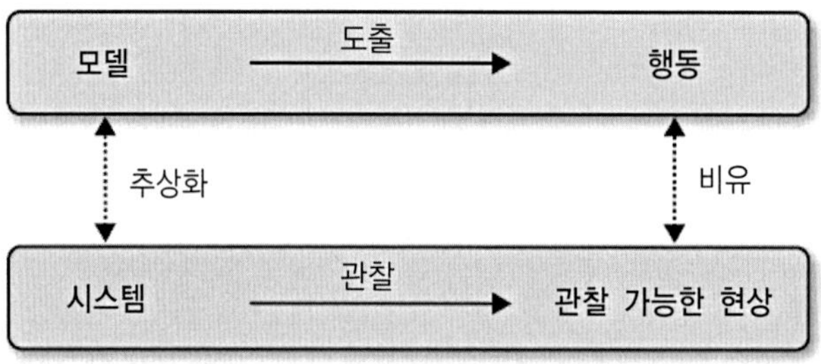

그림 5-2 설명적 모델의 논리적 구조

핵심적으로 보면, 이는 비유에 의한 주장으로, 두 가지가 어떤 면으로 유사하기 때문에, 다른 면에서도 유사할 거라고 보는 것이다. 비유에 의한 주장이 유용할 수 있고, 설명적 모델도 좋을 수 있지만, 수학적인 의미에서 증명으로 간주되지는 않는다.

모든 모델들은 중요하지 않다고 생각되는 세부 사항을 누락(또는 '추상화')시킨다는 사실을 기억하자. 어떤 시스템이든, 특정 성질들을 포함하거나 무시하는 모델들을 많이 만들 수 있다. 또한, B, B', B" 등 다른 행동을 드러내면서 O와 어떠한 유사한 면을 보이는 모델들이 있을 수 있다. 그런 경우에 어떤 모델이 O를 설명하는 것일까?

작은 세상 현상이 하나의 예다. 와츠-스트로가츠(WS) 모델과 바라바시-알버트(BA) 모델은 둘 다 작은 세상 행동을 보이지만, 서로 다른 설명을 한다.

- WS 모델은 소셜 네트워크가 작은 이유는 강하게 연결된 클러스터와 클러스터들을 연결해 주는 '약한 연결(weak ties)' 둘 다를 가지고 있기 때문이라고 보았다(*http://en.wikipedia.org/wiki/Mark_Granovetter*를 참고하라).

- BA 모델은 소셜 네트워크가 작은 이유는 허브 역할을 하는 높은 연결수를 가진 노드들이 포함되어 있어서, 허브들이 선호적 연결에 의해 시간이 지날수록 커지기 때문이라고 보았다.

과학의 신생 분야들에는 자주 있는 일이지만, 문제는 설명이 없다는 것이 아니라 너무 많다는 데 있다.

연습 5-8

이러한 설명들이 호환 가능한가? 다시 말해, 둘 다 옳을 수 있는가? 여러분은 어떤 설명이 더 만족스러우며, 그 이유는 왜인가?

특정 모델의 편을 들어줄 증거가 될 데이터를 수집하거나 실험을 수행할 수 있는가?

경쟁하는 모델들 중 하나를 선택하는 것은 토마스 쿤의 에세이, '객관성, 가치 판단 그리고 이론 선택(Objectivity, Value Judgment, and Theory Choice)'의 주제다. 쿤은 과학철학자로, 1962년에 '과학혁명의 구조'를 쓴 뒤, 그가 말하고자 하는 것이 무엇이었는지를 설명하면서 여생을 보냈다.

쿤은 경쟁 모델들 중에 선택을 하는 기준으로 무엇을 제시하는가? 그러한 기준들이 여러분의 WS와 BA 모델에 대한 의견에 영향을 미쳤는가? 여러분이 생각하기에 다른 고려해야 될 기준이 있는가?

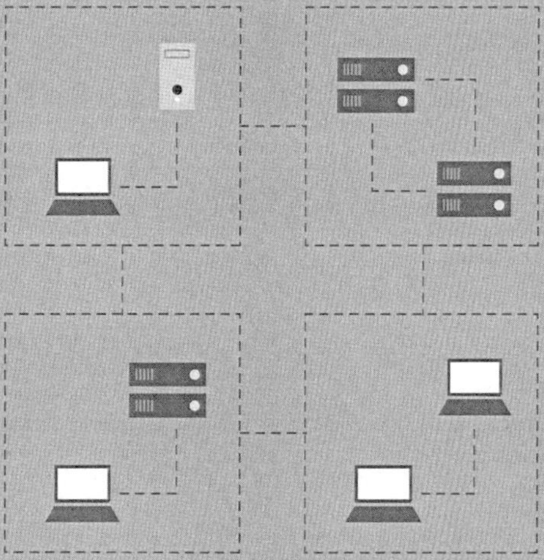

Chapter

6

셀룰러 오토마타 (Cellular Automata)

셀룰러 오토마타는 매우 간단한 물리학을 가지고 세상을 보는 모델이다. '셀룰러 (cellular)'는 공간이 따로 떨어진 덩어리들인 '셀 (cell)'로 나뉘어 있다는 의미를 가지고 있다. '오토마타'[21]란 계산을 수행하는 기계를 뜻하는데 이는 실제 기계일 수도 있으나 많은 경우 '기계'는 수학적인 추상 또는 컴퓨터 시뮬레이션을 지칭한다.

오토마타들은 시스템이 시간이 지남에 따라 진화하는 방법을 결정하는 규칙들의 지배를 받는다. 시간은 비연속적인 단계로 나뉘고, 규칙들은 현 상태에 기반해 다음 시간 단계에서 세상의 상태를 어떻게 계산할 것인지를 명시한다.

아주 단순한 예시로 셀이 하나인 셀룰러 오토마타(CA)를 생각해 보자. 해당 셀의 상태는 변수 x_i로 표현되는 정수로서, 아래첨자 i는 시간 단계 i에 있을 때 시스템의 상태가 x_i라는 것을 표현한다. 초기 조건 $x_0 = 0$이다.

이제 우리에게 필요한 것은 규칙이다. 임의로 $x_i = x_{i-1} + 1$, 즉 매 시간 단계 후에 CA의 상태가 1씩 증가하도록 정해볼 것이다. 일단 여기까지 우리는 간단한 계산을 하는 CA를 만들어 봤다. 보다시피 이 CA는 수를 센다.

하지만 이 CA는 이례적이다. 왜냐하면 보통은 가능한 상태의 수가 유한하기 때문이다. 이를테면 가장 적은 상태의 개수 2와 또 다른 단순한 규칙 $x_i = (x_{i-1} + 1)\%2$이 있겠다. 여기서 $\%$는 나머지 연산자다.

이 CA는 단순한 계산을 수행한다. 바로 깜빡이는 것이다(즉, 셀의 상태가 매 시간 단계마다 0과 1 사이를 오간다).

대개의 CA는 **결정적** (deterministic)이다. 규칙들이 어떠한 무작위적 요소도 가지고 있지 않은 것이다. 동일한 초기 상태를 주면, 항상 같은 결과를 낸다. 비결정적 CA들도 존재하지만 여기서 다루진 않겠다.

---

21. '오토마타(automata)'는 '오토마톤(automaton)'의 복수이지만, 편의상 오토마타로 통칭한다.

6.1 스테판 울프람

앞서 언급한 CA는 0차원이었고, 그리 흥미롭진 않았다. 하지만 1차원 CA들은 놀라우리만치 흥미로운 결과를 보여준다.

1980년대 초에, 스테판 울프람(Stephen Wolfram)은 일차원 CA에 관한 체계적인 연구들을 줄지어 출간했다. 그는 연구를 통해 대략적으로 네 개로 나눌 수 있는 행동의 범주를 확인했으며, 각 범주는 앞의 범주보다 더욱 더 흥미를 유발한다.

CA에 차원이 있다는 말은 셀들이 인접 공간에 배열되어 있어서 일부가 서로 이웃한다는 것이다. 일차원에서는 세 개의 자연적인 배열이 있다.

○ 유한수열

유한한 개수의 셀들이 한 줄에 배열되어 있는 것이다. 첫 번째와 마지막 셀을 빼곤 모든 셀의 이웃이 둘이다.

○ 고리(ring)

유한한 개수의 셀들이 고리 형태로 배열된 것이다. 모든 셀들이 이웃을 둘씩 가진다.

○ 무한수열

무한한 개수의 셀들이 한 줄에 배열된 것이다.

시스템이 시간이 지남에 따라 어떻게 진화하는지를 결정하는 규칙들은 '이웃'이라는 개념에 기반한다. 이웃이란 주어진 셀의 다음 상태를 결정짓는 셀들의 집합이다. 울프람의 실험에서는 3셀 이웃 방식을 사용하는데, 세 개의 셀은 기준이 되는 셀과 그것의 좌우 이웃을 말한다.

이 실험들에서 셀들은 0과 1로 나타내는 두 상태를 가진다. 그래서 규칙들은 이웃의 상태(상태 3개가 들어있는 튜플)로부터 가운데 셀의 다음 상태를 매핑하는 표로 요약할 수가 있겠다. 다음 예시를 보자.

Prev	111	110	101	100	011	010	001	000
Next	0	0	1	1	0	0	1	0

표의 첫 줄은 가능한 이웃의 상태 8개이다. 둘째 줄은 다음 시간 단계에서 가운데 셀의 상태를 나타낸다. 울프람은 이 표를 간결하게 코드화해 나타내기 위해 바닥 줄을 이진수로 읽자고 제안했다. 이진수 00110010은 십진수로 50이므로, 이 CA를 '규칙 50번' 이라고 명명했다고 보면 된다.

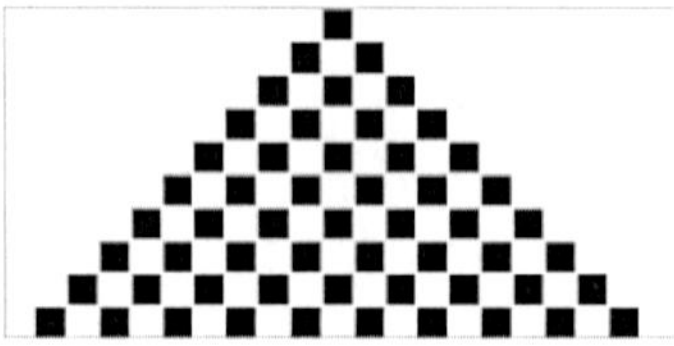

그림 6-1 규칙 50번: 10단계 후

그림 6-1은 규칙 50번으로 10번의 시간 단계를 거친 결과다. 첫 번째 줄은 맨 처음 시간 단계 동안의 시스템의 상태를 나타내는데, 하나의 셀이 '켜지고' 나머지 셀들은 '꺼진' 상태에서 시작한다. 두 번째 줄은 다음 시간 단계의 시스템을, 세 번째 줄은 그 다음 시간 단계를 나타내는 식이다.

그림에 나타난 삼각형 형태는 이러한 CA들의 전형이라 볼 수 있다. 말하자면 이웃형태로부터 나온 결과물이다. 하나의 시간 단계에서, 각 셀은 양 방향의 이웃 하나에 영향을 미친다. 그 다음 시간 단계에서, 영향은 각 방향으로 한 셀씩 더 전파된다. 따라서 과거의 셀들 각각은 자신이 영향을 미칠 수 있는 모든 셀들을 포함하는 '영향의 삼각형'을 가지고 있다고 볼 수 있다.

6.2 CA 구현

앞의 그림을 만들기 위해 CA를 구현하는 파이썬 프로그램을 작성해봤다. *http://thinkcomplex.com/CA.py*와 *http://thinkcomplex.com/CADrawer.py*에서 필자의 코드를 다운로드할 수 있다.

CA의 상태를 저장할 때 나는 NumPy 배열을 사용한다. 배열(array)이란 모든 원소가 동일 자료형으로 된 다차원 데이터 구조를 말한다. 중첩 리스트(nested list)와 비슷하지만, 보통 더 작고 빠르다. 그림 6-2를 보면 왠지 알 수 있다. 왼쪽의 다이어그램은 정수 리스트들로 된 리스트로, 각 점이 참조를 나타내고 있으며 각각의 참조는 약 4-8 바이트를 잡아먹는다. 정수들 중 하나에 접근하기 위해선 참조 두 개를 거쳐야 한다.

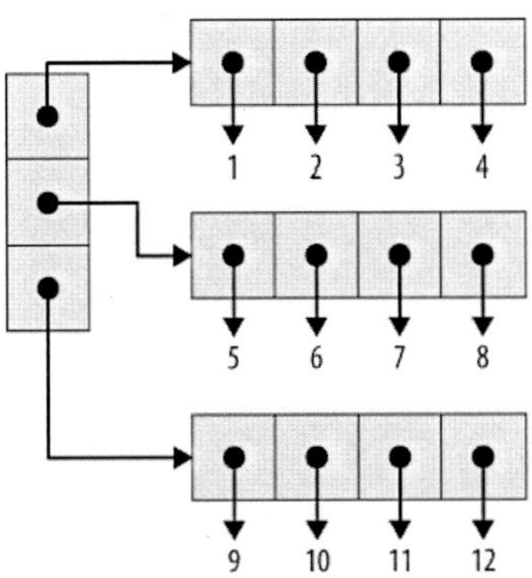

1	2	3	4
5	6	7	8
9	10	11	12

그림 6-2 리스트들로 이루어진 리스트(왼쪽)와 NumPy 배열(오른쪽)

오른쪽의 다이어그램은 그와 동일한 정수들로 된 배열을 보여주고 있다. 원소들이 모두 동일한 크기라서 메모리에서 인접해 저장이 가능하다. 이러한 배치는 참조를 사용하지 않기 때문에 공간을 절약해 주며, 원소의 위치를 인덱스로 바로 계산이 가능해서 시간도 줄여주는 효과가 있다. 참조를 여러 번 따라갈 필요가 없는 것이다.

NumPy 배열을 사용하는 CA 객체는 다음과 같다.

```
import numpy

class CA(object):

    def __init__(self, rule, n=100, ratio=2):
        self.table = make_table(rule)
        self.n = n
        self.m = ratio*n + 1
        self.array = numpy.zeros((n, self.m), dtype=numpy.int8)
        self.next = 0
```

rule은 울프람의 CA규칙코드에 따른 규칙표를 나타내는 0-255 사이의 정수다. make_table은 규칙을 사전으로 변환해 이웃 상태를 셀의 상태에 매핑하는 역할을 한다. 예를 들어 50번 규칙에서, 규칙표는 (1,1,1)을 0에 매핑한다.

n은 배열에 담긴 행의 개수로, 우리가 계산할 시간 단계의 수와 같다. m은 열의 개수로, 셀의 개수이다. 이제 시작하기 위해 유한한 셀 배열을 구현해 보겠다.

zeros는 NumPy가 제공하는 것으로 주어진 n 곱하기 m 차원의 새 배열을 생성한다. dtype은 자료형(data type)의 약자이며, 배열에 들어간 원소들의 자료형을 지정해준다. int8은 8비트 정수라는 뜻이며, 따라서 우리는 상태의 종류를 256개로 제한해야 되지만 그건 별 문제가 아니다. 우린 2개만 쓸 것이다.

next는 다음 시간 단계의 인덱스다.

흔히 사용하는 CA의 초기 조건은 두 개가 있다. 셀 하나만 켜거나, 행 전체를 무작위 셀로 채우는 것이다. start_single은 첫 행의 셀을 하나만 가지고 시작하도록 초기화하고 next를 1 증가시킨다.

```
def start_single(self):
        """맨 윗 줄의 가운데에 위치한 하나의 셀로 시작"""
        self.array[0, self.m/2] = 1
        self.next += 1
```

배열의 인덱스는 셀의 행과 열을 명시하는 튜플이다.

`step`은 CA의 다음 상태를 계산해준다.

```
def step(self):
        i = self.next
        self.next += 1

        a = self.array
        t = self.table
        for j in xrange(1,self.m-1):
            a[i,j] = t[tuple(a[i-1, j-1:j+2])]
```

`i`는 시간 단계이자 우리가 계산할 행의 인덱스다. `j`는 셀들의 루프를 도는데, 첫째와 마지막 셀은 건너뛴다. 그것들은 항상 꺼져있다.

배열은 슬라이스 연산을 지원하므로 `self.array[i-1, j-1:j+2]`를 하면 `i-1` 행부터 세 개의 원소를 반환한다. 그 다음은 규칙표의 이웃 튜플을 검색해 다음 상태를 얻고, 그것을 배열에 저장하게 된다.

배열 인덱싱은 상수 시간이라서 `step`은 n에 대해 선형이다. 모든 배열을 채우는 작업은 $O(nm)$이다.

NumPy와 배열에 대해서는 *http://scipy.org/Tentative_NumPy_Tutorial*에서 더 읽어보자.

6.3 CADrawer

추상 클래스 (abstract class)란 구현은 제공하지 않은 채 메소드들의 집합을 위한 인터페이스를 명시하는 클래스로 정의한다. 자식 클래스들이 추상 클래스를 확장해서 미완성인 메소드들을 구현하게 된다. *http://en.wikipedia.org/wiki/Abstract_type*를 읽어보자.

예시로 CA를 그림으로 그리는 인터페이스를 정의하는 CADrawer를 살펴보자. 다음은 CADrawer의 정의다.

```
class Drawer(object):
    """Drawer는 인스턴스를 생성하지 말아야 할 추상 클래스다.
    이 클래스는 CA drawer를 위한인터페이스를 정의한다.
    Drawer의 자식 클래스는 draw, show 그리고 save를 구현해야 한다.

    만약 draw_array가 덮어씌워지지 않은 상태라면, 자식 클래스는
    draw_cell을 제공해야 한다.
    """
    def __init__(self):
        msg = 'CADrawer는 추상 자료형이므로 인스턴스를 생성하지 말아야 한다.'
        raise UnimplementedMethodException, msg

    def draw(self, ca):
        """셀룰러 오토마타(CA)의 표현을 그려낸다.
        이 함수는 일반적으로 시각적인 효과가 없다."""
        raise UnimplementedMethodException

    def draw_array(self, a):
        """배열 (a)를 순회(iterate)하며 0이 아닌 셀들을 그려낸다."""
        fori in xrange(self.rows):
            for j in xrange(self.cols):
                if a[i,j]:
                    self.draw_cell(j, self.rows-i-1)

    def draw_cell(self, ca):
        """단일 셀을 그려낸다.
```

```
        모든 구현에 필수적이진 않다."""
        raise UnimplementedMethodException

    def show(self):
        """표현된 것을 화면에 띄운다. 가능할 경우에만."""
        raise UnimplementedMethodException

    def save(self, filename):
        """표현된 CA를 filename에 저장한다."""
        raise UnimplementedMethodException
```

추상 클래스들은 인스턴스를 생성하지 말아야 한다. 생성하려 시도한다면, Exception의 확장인 UnimplementedMethodException이 뜨게 된다.

```
class UnimplementedMethodException(Exception):
    """자식 클래스가 아직 추상 메소드를 구현하지 않았다는
    사실을 알려주기 위해 사용"""
```

CADrawer의 인스턴스를 생성하기 위해서는 메소드들을 구현하는 자식 클래스를 정의한 다음에 그것의 인스턴스를 생성해야 한다.

CADrawer.py에는 세 가지 종류가 구현되어 있다. pyplot을 사용하는 것, PIL (Python Imaging Library)을 사용하는 것 그리고 EPS (Encapsulated Postscript)를 생성하는 것이다.

PyplotDrawer를 사용해서 CA를 화면에 그려내는 예시를 보자.

```
ca = CA(rule, n)
    ca.start_single()
    ca.loop(n-1)

    drawer = CADrawer.PyplotDrawer()
    drawer.draw(ca)
    drawer.show()
```

연습 6-1

http://thinkcomplex.com/CA.py and *http://thinkcomplex.com/CADrawer.py* 파일을 다운로드 받은 뒤, 여러분의 시스템 상에서 실행되는지 확인하자. 파이썬 패키지를 몇 개 추가 설치해야 할 수도 있다.

`CircularCA`라는 이름의 새 클래스를 생성해 보자. 이 클래스는 `CA`를 확장해, 셀들이 고리 형태로 배열되게 하는 클래스다.

내 답은 *http://thinkcomplex.com/CircularCA.py*에서 볼 수 있다.

6.4 CA 분류하기

울프람은 CA의 행동을 네 가지 클래스로 묶을 수 있을 것이라 주장했다. 클래스 1은 가장 단순한(그래서 재미없는) CA들, 거의 모든 시작 조건에서 똑 같은 균일한 패턴으로 진화하는 것들이다. 간단한 예시인 규칙 0번은 시간 단계 한 번 이후엔 항상 빈 패턴을 만들어낸다.

규칙 50번은 클래스 2에 속하는 사례다. 중첩 구조로 된 단순 패턴을 생성한다. 다시 말해, 패턴 내에 더 작은 모양의 해당 패턴들이 많이 들어있는 것이다. 규칙 18번은 중첩 구조를 더 명료하게 보여준다. 그림 6-3에 보면 64번째 단계 이후에 나타나는 모양을 볼 수 있다.

그림 6-3 64단계 이후의 규칙 18번

이 패턴은 시에르핀스키(Sierpiński) 삼각형을 닮았다. 시에르핀스키 삼각형에 대해서는 *http://en.wikipedia.org/wiki/Sierpinski_triangle*에서 읽어보자.

어떤 클래스 2 CA들은 복잡하고 예쁜 패턴들을 생성해내기도 하는데, 그래도 클래스 3이나 4에 비하면 상대적으로 단순한 축에 속한다.

6.5 무작위성

클래스 3에는 랜덤성을 발생시키는 CA들이 포함되어 있다. 규칙 30번이 그 예시다. 그림 6-4은 100번의 시간 단계를 지난 규칙 30번이다.

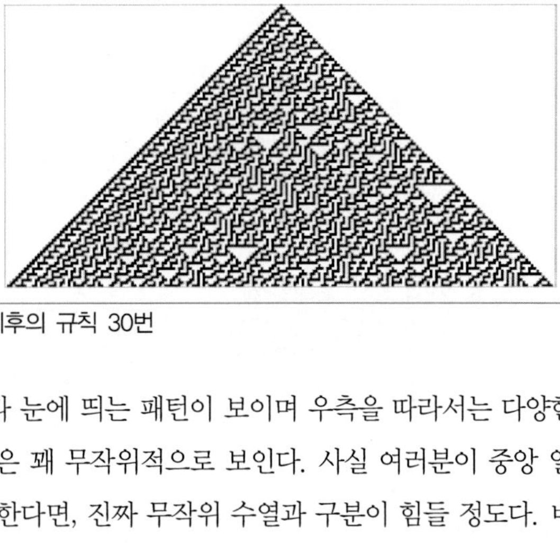

그림 6-4 100단계 이후의 규칙 30번

도형의 좌측을 따라 눈에 띄는 패턴이 보이며 우측을 따라서는 다양한 크기의 삼각형들이 보이지만, 중앙은 꽤 무작위적으로 보인다. 사실 여러분이 중앙 열을 가져다가 비트로 된 수열로 취급한다면, 진짜 무작위 수열과 구분이 힘들 정도다. 비트 수열이 무작위인지 확인하려고 사람들이 사용하는 통계 검정들을 대다수 통과하기 때문이다.

무작위처럼 보이는 숫자들을 생성해내는 프로그램을 **의사 난수생성기**(pseudo-random number generators: PRNG)라고 부른다. 하지만 이들이 진짜 난수가 아니라고 취급되는 이유는 다음과 같다.

- 많은 의사 난수생성기들이 생성한 수열은 통계적인 방법으로 발견할 수 있는 규칙성을 가지고 있다. 예를 들어, C 라이브러리에 있는 **rand**의 원래 구현은 선형 합동 생성기를 사용해서 수열들을 만드는데, 이들에서는 계열 상관성을 쉽게 발견할 수 있다.
- 어떤 PRNG든 상태의 양이 유한하다면(다시 말해, 저장용량이 한정되어 있다면) 결국 자기 자신을 반복할 수밖에 없다. 생성기의 특징 중 하나는 이러한 반복의 **주기**이다.
- PRNG 기저의 프로세스는 근본적으로 결정론적이어서, 근본적으로 무작위성을 띈다고 여겨지는 일부 물리적 프로세스들(방사성 붕괴나 열잡음)과는 차이가 있다.

현대의 PRNG들은 난수와 통계적으로 구분이 불가능한 수열을 만들어내며, 주기를 무척이나 길게 구현할 수가 있어서 그들이 반복되기 전에 세계가 먼저 붕괴할 것이다. 이러한 생성기들의 존재는 양질의 의사 난수열과 '진실로' 무작위적인 프로세스를 밟아 생성된 난수열에 실제 차이가 있느냐 하는 의문을 불러일으킨다. 저서 새로운 종류의 과학에서 울프람은 차이가 없다고 주장한다(315-326쪽).

연습 6-2

이번 연습은 몇 가지 PRNG들을 구현하고 테스트하는 것이다.

1. *http://en.wikipedia.org/wiki/Linear_congruential_generator*에서 설명하는 선형 합동 생성기 중 한 가지를 구현해보자.
2. 난수 테스트를 도와주는 프로그램 모음인 DieHarder를 *http://phy.duke.edu/~rgb/General/rand_rate.php*에서 다운로드한 뒤 여러분이 만든 PRNG를 테스트해 보자. 결과는 어떤가?
3. 파이썬의 random 모듈 문서를 읽어보자. 어떤 PRNG를 사용하고 있는가? DieHarder를 써서 테스트해 보자.
4. 몇 백 개 정도의 셀로 된 고리를 대상으로 하는 규칙 30번 CA를 구현해보고, 합리적인 시간 동안 여러분이 할 수 있는 만큼 단계를 실행해 본 다음 중앙 열을 비트 수열로 출력해 보자. DieHarder로 그것을 테스트해 본다.

6.6 결정론

클래스 3 CA의 존재는 놀랍다. 얼마나 놀라운지를 이해하려면 철학적 **결정론**(*http://en.wikipedia.org/wiki/Determinism*)을 생각해보면 좋다. 철학적 입장들은 대개 다양한 입맛에 따르기 때문에 정확하게 정의하기가 어려운 면이 있다. 그래서 나는 주장이 약한 것부터 강한 것까지의 순서로 된 서술 목록을 가지고 정의하곤 하는데, 그렇게 하면 꽤 쓸모가 있다.

○ D1

결정 모델은 어떤 물리계들에 대한 정확한 예측을 할 수 있다.

○ D2

많은 물리계들은 결정론적 프로세스들에 의해 모델링될 수 있으나, 일부는 본질적으로 무작위성을 띤다.

○ D3

모든 사건들은 이전 사건들에 의해 일어나지만, 많은 물리계들은 그럼에도 불구하고 근본적으로 예측이 불가능하다.

○ D4

모든 사건들은 이전 사건들에 의해 일어나며, 예측할 수 (적어도 이론적으로) 있다.

이러한 범위를 구성한 목적은, D1은 매우 약한 어조로 만들어 사실상 모든 사람이 받아들이고, D4를 강하게 만들어 거의 아무도 받아들이지 않게 하며, 그 중간의 서술들은 일부 사람들이 받아들이도록 하려는 것이다.

역사적인 발전과 과학적 발견에 반응해서 세계 여론의 무게중심은 이 범위를 따라 흔들린다. 과학 혁명 이전에 많은 사람들은 우주의 작동 방법이 근본적으로 예측 불가능하거나, 초자연적인 힘에 의해 제어된다고 여겼다. 그러나 뉴턴 역학의 업적으로 일부 낙관론자들이 D4 같은 걸 믿게 되었다. 예를 들어 1814년에 피에르-시몽 라플라스(Pierre-Simon Laplace)는 다음과 같이 썼다.

> 우리는 우주의 현재 상태가 그 자신의 과거의 영향이며, 미래의 원인이라고 여길 수 있다. 어떠한 지성은 어떤 특정한 순간에, 자연을 움직이게 한 모든 힘들, 자연이 구성된 모든 항목들의 모든 위치를 알 것이며, 만약 지성이 이 데이터들을 분석할 만큼 방대하다면, 우주에서 가장 큰 물체의 움직임과 가장 자그마한 원자의 움직임까지도 하나의 공식으로 포괄할 것이다. 이러한 지성에게는 어떤 것도 불확실하지 않으며 미래 또한 과거와 마찬가지로 눈앞에 펼쳐질 것이다.

이 지성은 '라플라스의 악마'라고 불리게 되었다(*http://en.wikipedia.org/wiki/Laplace's_demon*). 이 맥락에서 '악마'라는 단어는 악이라는 함축적인 의미 없이, '정신'이라는 뜻을 지닌다.

19세기와 20세기의 발견들은 이러한 희망을 서서히 해체해 버렸다. 엔트로피의 열역학적인 개념, 방사성 붕괴 그리고 양자역학은 결정론의 강한 서술 형태에 연속적인 도전을 제기했다.

1960년대에, 카오스 이론은 일부 결정론적 계에서는 짧은 시간 상에만 예측이 가능하며 이는 초기 조건 측정의 정밀성에 구애를 받는다는 사실을 보여줬다.

이러한 시스템들 대부분은 공간 상에서(시간 상에서가 아니라면) 연속적이고 비선형적이기 때문에, 이들이 갖는 복잡성이 특별히 놀랍지는 않다. 울프람이 보여준 단순한 셀룰러 오토마타에서도 복잡한 행동이 나오는 것이 더 놀랍고, 결정론적인 시각에서 보자면 더 충격적이다.

여기까지 나는 결정론에 대한 과학적 도전에 초점을 맞추었으나, 가장 오래된 반목은 결정론과 인간의 자유 의지 사이의 갈등이다. 복잡성 과학은 이렇게 명백한 갈등에 대한 가능성 있는 해결책을 제시한다. 169쪽의 '자유의지'에서 이 주제에 대해 다시 돌아오겠다.

6.7 구조

클래스 4 CA들의 행동은 더더욱 놀랍다. 1-D CA들 여러 개는, 특히 눈에 띄는 규칙 110번은, **튜링 완전** (Turing complete)한데, 다시 말해 해당 CA들은 어떠한 계산 가능한 함수도 계산해낼 수 있다는 뜻이다. 이러한 성질은 1998년에 매튜 쿡(Matthew Cook)에 의해 증명된 **범용성** (universality)이라고도 불린다. *http://en.wikipedia.org/wiki/Rule_110*를 참고하자.

그림 6-5는 규칙 110번이 단일 세포의 초기 조건으로 100 단계를 거쳤을 때 나오는 형태다. 이 시간 상에서, 뭔가 특별한 일이 확실하게 일어나고 있어 보이진 않는다. 몇몇 평범한 패턴이 있으나 일부 특징짓기 어려운 성질들도 함께 존재한다.

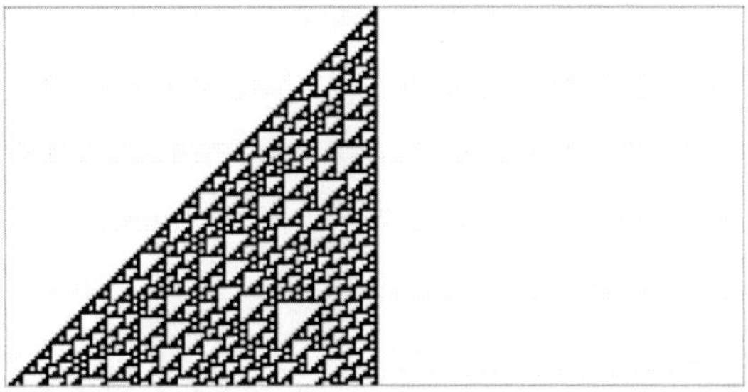

그림 6-5 100단계 이후의 규칙 110번

그림 6-6은 랜덤 조건에서 시작해 600단계를 지난 더 큰 그림을 보여준다.

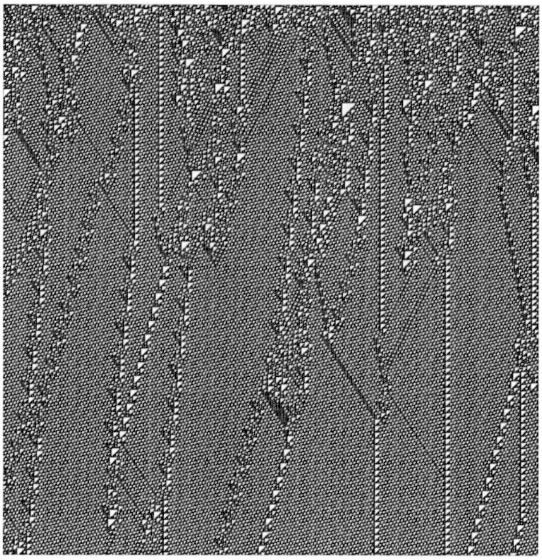

그림 6-6 랜덤 초기 조건으로 시작, 600단계 이후의 규칙 110번

100번 정도 이후, 배경은 반복되는 단순한 패턴으로 고정되지만 배경이 어긋나 보이도록 끊임없이 나타나는 구조가 다수 있다. 이러한 구조 중 일부는 안정되어서, 수직선으로 나타난다. 다른 구조들은 장소를 옮기면서, 1열을 옆으로 가는 데 몇 시간 단계를 소모했느냐에 따라 서로 다른 기울기를 가진 대각선으로 나타난다. 이러한 구조들은 **우주선**(spaceship)이라고 한다.

우주선들 사이의 충돌은 우주선의 종류와 그들이 부딪힐 때 어떤 단계에 있었느냐에 따라 다른 결과를 불러오게 된다. 어떤 충돌은 두 우주선 모두를 전멸시키는 데 반해 다른 충돌은 하나의 우주선은 변형 없이 내버려두고, 또 다른 충돌은 하나 또는 여러 개의 다른 우주선 종류를 만들어낸다.

이러한 충돌들은 규칙 110번 CA 계산의 기초다. 우주선을 도선을 따라 전파되는 신호로, 충돌을 AND와 OR 같은 논리적 연산을 하는 게이트로 생각한다면, CA가 계산을 수행한다는 게 무슨 말인지 이해가 될 것이다.

연습 6-3

이번 연습은 여러분 스스로 규칙 110번을 가지고 실험을 해보고, 얼마나 많은 우주선을 찾을 수 있는지 보는 연습이다.

1. 앞에서 여러분이 만든 프로그램을 가지고 안정된 배경 패턴이 나오는 초기 조건으로 시작하게끔 변형해 보자.

2. 중앙 행에 추가적으로 다른 패턴들이 들어가도록 초기 조건을 바꾸어 보고, 어떤 조건들이 우주선을 만들어내는지 찾아보자. 합리적인 n값에 대해, n 비트로 된 가능한 모든 패턴들을 열거해보는 게 편할 것이다. 각각의 우주선에 대해서, 옮겨가는 주기와 속도를 찾아낼 수 있는가? 여러분이 찾을 수 있는 가장 큰 우주선은 어떤 것인가?

6.8 범용성

범용성에 대해 이해하려면, 계산가능성 이론(computability theory)에 대해 먼저 알아야 한다. 계산가능성 이론이란 계산모델과 그것이 계산하는 대상에 대한 이론이다.

가장 일반적인 계산모델들 중 하나로 튜링기계가 있다. 튜링기계는 앨런 튜링(Alan Turing)이 1936년에 제안한 추상 컴퓨터이다. 튜링기계는 1-D CA로, 양방향으로 무한하며 읽기-쓰기 헤드로 강화된 것이다. 언제든 헤드는 하나의 셀 위에 위치하게 된다. 헤드는 해당 셀의 상태를 읽을 수 있으며(대개 상태는 두 종류만 있다), 셀에다 새로운 값을 쓸 수 있다.

또, 튜링기계는 기계의 상태(유한한 개수의 상태들 중 하나)를 기록할 수 있는 레지스터와 규칙표를 가지고 있다. 규칙표에는 각각의 기계 상태와 셀 상태에 대한 동작이 명시되어 있다. 동작들에는 헤드가 위치한 셀을 변형하거나, 하나의 셀을 왼쪽이나 오른쪽으로 옮기는 것이 포함되어 있다.

튜링기계는 실질적으로 좋은 컴퓨터 디자인은 아니지만 일반적인 컴퓨터 아키텍쳐를 모델링한다. 실제 컴퓨터에서 실행되는 주어진 프로그램에 대해서, (적어도 이론적으로는) 동등한 계산을 수행하는 튜링기계를 구성하는 것이 가능하다.

튜링기계가 유용한 이유는 튜링기계로 계산이 가능한 함수의 집합을 특징지을 수 있기 때문으로, 튜링이 그렇게 했었다. 거기에 포함된 함수들은 튜링 계산가능 함수(Turing computable)라고 불린다.

튜링 기계가 어떤 튜링 계산가능 함수든 계산을 할 수 있다는 말은 **유의어 반복**(tautology)이다. 정의상 참인 것이다. 하지만 튜링 계산가능성은 그보다 더 재미있다. 사람들이 제시한 거의 모든 합리적인 계산 모델이 '튜링 완전'하다. 다시 말해, 그런 모델은 정확히 튜링 기계와 동일한 함수 집합을 계산할 수 있는 것이다. 이러한 모델들 일부는, 람다 계산같이 튜링기계와 굉장히 다르기 때문에 더더욱 그들의 동질성이 놀라울 따름이다.

이러한 관찰이 처치-튜링 명제로 이어졌다. 이 명제는 계산 가능하다는 의미가 무엇인지에 대한 정의이다. 명제는 튜링 계산가능성이, 계산가능성의 정의로서 옳다고 (또는 적어도 자연스럽다고) 하는 것인데, 이는 그렇게나 다양한 계산 모델들의 힘을 설명하기 때문이다.

규칙 110번 CA는 단순하기 때문에 주목할 만한 또 다른 계산 모델이다. 이 모델 또한, 처치-튜링 명제에 신빙성을 더해 주는 범용성을 보인다.

〈새로운 종류의 과학〉에서 울프람은 변형된 명제를 서술하면서 이를 '계산 등가의 원리(principle of computational equivalence)'라고 부르게 된다.

> 확연하게 단순하지 않은 대부분의 프로세스들은 등가로 복잡한 계산이라고 볼 수 있다. 좀 더 자세히 설명하면, 계산 등가의 원리는 자연계에서 찾게 되는 시스템들은 최대('범용') 수준의 계산력까지의 계산을 수행할 수 있으며, 대부분의 시스템들은 이 최대 수준의 계산력에 실제로 도달한다는 뜻이다. 그 결과, 대부분의 시스템들은 계산적으로 등가이다.[22]

CA에 위 정의를 적용한다면, 클래스 1과 2는 확연하게 단순하다. 클래스 3이 단순하다는 건 조금 덜 명백해 보일테지만, 어떤 면에서는 완벽한 무작위성은 완벽한 질서와 마찬가지로 단순하다. 복잡성은 그 둘 사이에서 발생하는 것이다. 따라서 울프람은, 클래스 4의 행동은 자연계에서 흔하며 그러한 행동을 드러내 보이는 거의 모든 시스템들은 계산적으로 등가라고 이야기하는 것이다.

연습 6-4

이번 연습은 튜링 기계 구현을 목표로 한다.
*http://en.wikipedia.org/wiki/Turing_machine*를 참고하라.

1. `CA.py`를 복사한 `TM.py`로 시작한다. 헤드의 위치, 동작표 그리고 상태 레지스터를 나타내는 속성들을 추가한다.

2. 튜링기계 업데이트를 구현하기 위해 `step`을 덮어씌운다.

3. 동작표에는 3-상태 바쁜 비버(3-state busy beaver) 규칙을 사용한다.

4. `TMDrawer`라는 이름의 클래스를 작성한다. 테이프의 상태와 헤드의 위치 및 상태를 보여주는 이미지를 생성하는 클래스다. 비슷한 예시를 하나 보려면, *http://mathworld.wolfram.com/TuringMachine.html*를 참고하자.

22. *http://mathworld.wolfram.com/PrincipleofComputationalEquivalence.html.*를 참고하라.

6.9 반증 가능성

울프람은 처치-튜링 원리보다 자신의 것이 더 강한 주장이라고 여겼는데, 그것이 추상적인 계산 모델보단 자연계에 대한 주장이었기 때문이다. 하지만 자연적인 프로세스들을 '계산으로 볼 수 있다' 라는 말은, 자연계에 대한 가설이라기 보다는 이론 선택에 대한 서술이라는 인상을 준다.

'거의' 등의 조건이라든지, '명백히 단순한'이라는 정의되지 않은 단어들을 가지고는, 그의 가설은 반증 가능하게 된다. 반증 가능성(falsifiability)은 과학철학에서 나온, 칼 포퍼(Karl Popper)가 제안한 개념으로 과학 가설과 유사과학(pseudoscience)의 경계 설정(demarcation)을 한다. 가설이란 그것이 거짓이라면 반박하는 결과가 나올 수 있는 실험이 있다면, 적어도 실현가능성의 영역 내에서라도, 반증이 가능하다.

예를 들어 지구상의 모든 생명이 공통의 조상에게서 내려왔다는 주장은 반박 가능하다. 왜냐하면 그것은 현대 종들(다른 많은 것들 중에서 특히)의 유전적 유사성에 대한 특수한 예측을 하기 때문이다. 만약 우리가 우리와 완전히 다른 DNA를 가진 새로운 종을 발견한다면, 그것이 보편적 공통 가계에 대한 이 이론을 반박을 하게(적어도 문제 제기를 하도록 만들게) 될 것이다.

반면에, 초자연적인 에이전트에 의해 모든 종이 현재의 형태로 만들어졌다는 주장인 특수창조는 반박이 불가능하다. 왜냐하면 자연계에서 그것을 부인할 만한 것을 찾을 수가 없기 때문이다. 어떤 종류의 실험의 어떤 결과든 간에 창조자의 의지의 결과라고 보게 될 것이다.

반박 불가능한 가설들은 논박이 애초에 불가능하기 때문에 매력적으로 보일 수 있다. 만약 여러분이 평생 틀리다고 입증되지 않는 것이 목적이라면, 최대한 반박 불가능한 가설들을 선택하면 된다.

하지만 만약 여러분의 목적이 세상에 대해 믿을만한 예측(적어도 이것은 과학의 목적 중 하나다.)을 하고자 하는 것이라면, 반박 불가능한 가설들은 쓸모가 없다. 그것의 문제는 결과가 없다는 데 있다. (만약 결과가 있었다면, 반박 가능했을 것이다.)

예를 들자면, 특수창조 이론이 참이었다면, 내가 알아서 좋을 게 뭐가 있단 말인가? 창조자가 '딱정벌레에 대한 과한 자애(J. B.S. 홀데인에게 감사)'를 가지고 있다는 사실 외엔 알 수 있는 게 없지 않느냔 말이다. 과학과 생명공학의 여러 분야에 영향을 미치는 공통 가계 이론과는 다르게, 세상이나 그 내부의 행동들을 이해하는 데 쓸모가 없는 것이다.

⌛ 연습 6-5

반박 가능성은 매력적이고 유용한 생각이지만, 포퍼의 주장대로 과학철학자에게 일반적으로 받아들여지는 경계 설정 문제의 해결책은 아니다. *http://en.wikipedia.org/wiki/Falsifiability*를 읽은 뒤 다음 질문들에 대답해 보자.

1. 경계 설정 문제란 무엇인가?
2. 포퍼에 의하면, 반발 가능성이 어떻게 경계 설정 문제를 해결하는가?
3. 반박 가능성의 범주를 통해 성공적으로 구분이 가능한, 과학적으로 간주되는 것과 비과학적으로 간주되는 두 이론의 예시를 들어보라.
4. 과학철학자와 사학자들이 포퍼의 주장에 대해 제기한 이의를 하나 이상 요약할 수 있는가?
5. 활동 중인 철학자들이 포퍼의 업적을 높이 살 것 같은가?

6.10 무엇에 대한 모델인가?

일부 셀룰러 오토마타들은 본래 수학적인 의도로 인공으로 만들어진 유물이다. 그것들은 놀랍거나 유용하거나 예쁘기도 하고, 새로운 수학을(처치-튜링 원리처럼) 만드는 툴을 제공한다.

하지만 그들이 물리계에 대한 모델인지는 불분명하다. 만약 그렇다고 한다면 굉장히 추상화된 것으로, 아주 자세하거나 현실적이지는 않다.

이를 테면 청자고둥(cone snail) 중에서 몇몇 종은 셀룰러 오토마타로 생성되는 것과 유사한 패턴이 껍질에 나타난다(*http://en.wikipedia.org/wiki/Cone_snail* 참고). 그래서 CA가 껍질이 자라나며 만들어지는 패턴을 생성하는 메커니즘에 대한 모델이라고 자연스럽게 가정할 수 있다. 하지만, 적어도 초기에는, 그 모델의 요소들(이른바 셀, 이웃들 간의 의사소통, 규칙)이 자라는 고둥의 요소들(실제 셀, 화학 신호, 단백질 상호작용 네트워크)에 어떻게 대응되는지가 불분명하다.

하지만 전통적인 물리 모델에 있어, 어느 정도까지의 현실성은 미덕이다. 만약 모델의 요소들이 물리계의 요소들에 대응된다면, 모델과 시스템 간의 분명한 비유가 있는 것이다. 일반적으로, 우리는 나은 예측을 얻고 더 믿음이 가는 설명을 하기 위해서 현실적인 모델을 기대한다.

당연하게도 이것은 어느 정도까지만 진실이다. 상세한 모델일수록 처리가 힘들고 분석이 어렵다. 어떤 지점이 되면, 모델이 너무 복잡해져서 시스템을 가지고 실험하는 게 차라리 쉬워진다.

다른 극단에 위치한 단순한 모델들은, 단순하다는 이유 때문에 매력적으로 보인다.

단순한 모델들은 상세한 모델들과는 다른 종류의 설명을 제안한다. 상세한 모델로는, 이런 주장이 되겠다. '우리는 물리계 S에 흥미가 있다. 상세한 모델 M을 만들어서, 분석과 시뮬레이션을 통해 M이, 실제 시스템의 관찰인 O와 유사한(질적 또는 양적으로) 행동

B를 보이는지 본다. 왜 O가 일어나는가? S와 M이 유사하기 때문에 B도 O와 유사하며, 그래서 우리는 M이 B로 이어진다고 입증할 수 있다.'

단순한 모델들로는 S가 M과 유사하다고 주장할 수가 없는데, 정말로 유사하지가 않기 때문이다. 대신, 주장은 이렇게 될 것이다. '공통된 특성[feature]의 집합을 공유하는 모델들이 있다. 이러한 특성을 가진 모든 모델은 행동 B를 보인다. 만약 B를 닮은 관찰 O를 보게 되면 그것을 설명하는 한 가지 방법은, 시스템 S가 B를 생산할 만한 특성의 집합을 가지고 있다고 하는 것이다.'

이러한 종류의 주장에서 특성을 추가하는 것은 도움이 되지 않는다. 모델을 더욱 현실적으로 만든다고 해서 모델의 신뢰도가 올라가진 않는 것이다. O를 야기하는 필수적인 특징들과 S에 특화된 부수적인 특징들 간의 차이를 모호하게 만들 뿐이다.

그림 6-7은 이러한 모델 종류의 논리적 구조를 보여준다. 행동을 생산하는 데는 특성 x와 y로 충분하다. w나 z와 같은 특성들을 추가한다면, 모델이 더 현실적이 될순 있지만 그러한 현실성이 설명에 힘을 더해주진 않는다.

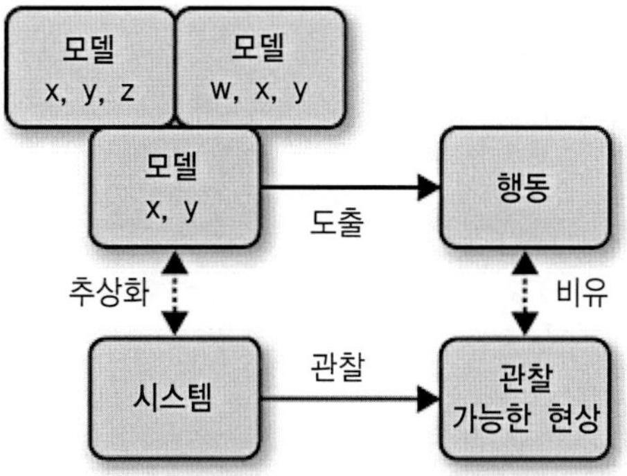

그림 6-7 단순한 물리 모델의 논리적 구조

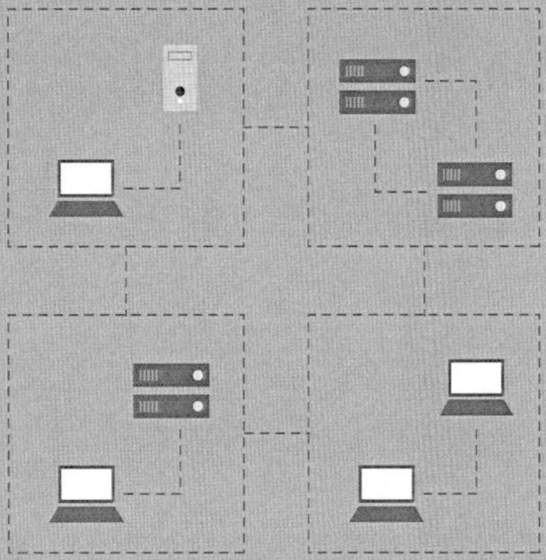

Chapter

7

생명게임

처음으로 연구된(그리고 역대 가장 유명한) 셀룰러 오토마타 중 하나는 '생명게임 (The Game of Life, 줄여서 GoL)'이라 불리는 2D CA이다. 존 H. 콘웨이 (John H. Conway)가 개발했고 1970년 사이언티픽 아메리칸지 (Scientific American)에 실린 마틴 가드너 (Martin Gardner)의 칼럼을 통해 대중들에게 알려졌다. *http://en.wikipedia.org/wiki/Conway_Game_ of_Life*에서 더 자세히 알아볼 수 있다.

GoL의 셀들은 양방향으로 무한한 형태 또는 둘러싸여진 형태의 2D **그리드** 형태로 배열되어 있다. 양방향으로 둘러싸인 그리드는 **토러스** (torus)라고 불리며, 이는 위상학적으로 도넛의 표면과 동형이기 때문이다. *http://en.wikipedia.org/wiki/Torus*를 참고하자.

각각의 셀은 두 상태(살아있거나 죽은)와 여덟 이웃(동서남북과 네 대각선)을 가지고 있다. 이러한 이웃 집합은 무어 (Moore) 이웃이라고도 한다.

GoL의 규칙은 **전체주의적** (totalistic)이다. 셀의 다음 상태가 살아있는 이웃의 개수에만 영향을 받지, 배열엔 영향을 받지 않는다는 의미다. 다음 표에 규칙을 요약해 두었다.

이웃의 수	현재 상태	다음 상태
2 - 3	살아있음	살아있음
0 - 1, 4 - 8	살아있음	죽음
3	죽음	살아있음
0 - 2,4 - 8	죽음	죽음

이러한 행동은 실제 세포의 성장과 약간 비슷하다. 고립되거나 지나치게 붐비는 곳에 위치한 세포들은 죽고, 중간 정도의 밀도에서 잘 자라니까 말이다.

GoL이 유명한 이유는 다음과 같다.

- 아주 단순한 초기 조건이지만 놀랍도록 복잡한 행동을 산출해내는 조건이 존재한다.
- 많은 안정된 패턴들이 흥미롭다. 일부는 진동하고(다양한 주기로), 일부는 울프람의 110번 CA처럼 우주선을 만들면서 움직인다.
- 규칙 110번처럼 GoL도 튜링 완전하다.

- 콘웨이는 아주 재미있는 추측을 했다. 살아있는 셀의 개수를 무한히 늘리는 초기 조건은 없다는 추측을 한 뒤, 누구든 그것을 입증하거나 반증하는 사람에게 50달러를 주겠다고 했다.
- 컴퓨터의 가능성이 점점 열리면서 계산을 자동화하고 결과를 그림으로 보여주는 것이 가능해졌다. 그래서 장기판을 가지고 구현했던 콘웨이의 원래 버전보다 훨씬 재미있어졌다.

7.1 생명 구현하기

GoL을 효과적으로 구현하기 위해, SciPy에 들어있는 다차원 콘볼루션 함수를 사용하면 된다. SciPy는 과학 컴퓨팅 관련 함수들을 제공하는 파이썬 패키지다. *http://www.scipy.org/*에서 자세한 걸 읽어볼 수 있다. 여러분 시스템에 아직 없으면, 찾아서 설치하도록 하자.

디지털 영상처리 분야에서 이미지란 픽셀들의 배열이고, 많은 연산들이 특정 픽셀과 그 이웃들에 대해 이루어지는데, 특히 **회선** (convolution)은 이 분야에서 흔히 사용되는 연산 방법이다.

픽셀의 이웃 지역 (neighborhood)은, 각 이웃 셀들의 위치와 **가중치**를 담고 있는 작은 배열인 **커널** (kernel)로 기술된다. 예를 들면 다음 배열은 가중치가 모두 1인 8개의 이웃 셀과 접해있는 이웃 지역을 표현한 것이다.

```
kernel = numpy.array([[1,1,1],
                      [1,0,1],
                      [1,1,1]])
```

회선은 배열의 각 원소에 대해서 이웃한 셀들에 대한 가중치 합을 계산한다. 따라서 이 커널은 가운데 원소를 제외한 이웃의 합을 계산하는 것이다.

예를 들어 살아있는 셀이 1, 죽은 셀이 0으로 표시된 GoL그리드를 array라고 한다면, 우리는 회선을 사용해 각각의 셀들에 이웃한 셀들의 수를 계산할 수 있다.

```
import scipy.ndimage
    neighbors = scipy.ndimage.filters.convolve(array, kernel)
```

다음은 convolve를 사용해 구현한 GoL이다.

```
import numpy
import scipy.ndimage

class Life(object):

    def __init__(self, n, mode='wrap'):
        self.n = n
        self.mode = mode
        self.array = numpy.random.random_integers(0, 1, (n, n))
        self.weights = numpy.array([[1,1,1],
                                    [1,10,1],
                                    [1,1,1]])

    def step(self):
        con = scipy.ndimage.filters.convolve(self.array,
                                             self.weights,
                                             mode=self.mode)

        boolean = (con==3) | (con==12) | (con==13)
        self.array = numpy.int8(boolean)
```

Life 객체의 속성들은 다음과 같다.

`n`: 그리드의 행과 열의 수,

`mode`: 경계 셀들의 행동을 제어,

`array`: 그리드를 나타냄,

`weights`: 이웃의 수를 세는 커널

가운데 셀의 가중치는 10이므로, 죽은 셀들에선 이웃들의 수가 0-8이고, 살아있는 셀들에선 10-18이 된다.

`step`에서 boolean은 살아있는 셀들에 `True`를 주는 부울 값 배열이다. `numpy.int8`은 그것들을 정수로 변환해 준다.

그리드를 움직이는 시퀀스로 보여주기 위해서, `pyplot`을 사용한다. `pyplot`의 애니메이션은 약간 어색하긴 하다. 다음은 애니메이션을 관리하는 클래스다.

```
import matplotlib
matplotlib.use('TkAgg')
import matplotlib.pyplot as pyplot

class LifeViewer(object):

    def __init__(self, life, cmap=matplotlib.cm.gray_r):
        self.life = life
        self.cmap = cmap

        self.fig = pyplot.figure()
        pyplot.axis([0, life.n, 0, life.n])
        pyplot.xticks([])
        pyplot.yticks([])

        self.pcolor = None
        self.update()
```

life는 Life 객체다. cmap은 matplotlib가 제공하는 색상맵이다. 다른 색상맵은 *http://www.scipy.org/Cookbook/Matplotlib/Show_colormaps*에서 찾을 수 있다.

self.fig는 matplotlib 그림에 대한 참조이고, self.pcolor는 update로 생성된, **의색 그래프** (pseudocolor plot)에 대한 참조다.

```
def update(self):
        if self.pcolor:
            self.pcolor.remove()
        a = self.life.array
        self.pcolor = pyplot.pcolor(a, cmap=self.cmap)
        self.fig.canvas.draw()
```

만약 이미 그래프가 존재한다면, 그것을 먼저 삭제해야 된다. 그리고 나서 새로운 그래프를 생성하고 화면을 업데이트하기 위해 draw를 호출한다.

애니메이션을 실행하려면 두 가지 방법이 필요하다.

```
def animate(self, steps=10):
        self.steps = steps
        self.fig.canvas.manager.window.after(1000, self.animate_callback)
        pyplot.show()

def animate_callback(self):
    for i in range(self.steps):
        self.life.step()
        self.update()
```

animate는 애니메이션을 시작한다. 그것이 GUI를 설정한 뒤 사용자 이벤트를 기다리는 pyplot.show를 호출하게 되는데, 그러기에 앞서 먼저 콜백을 설정하는 window.after를 호출해서, 창이 설정된 뒤에 animate_callback이 호출할 수 있도록 해둬야 한다. 첫 번째 인자는 지연 시간을 1000분의 1초로 나타낸 것이다. 둘째 인자는 귀속된 메소드 (bound method)인데, 필자의 또 다른 저서 〈Think Python〉의 19장에서 설명하고 있으니 궁금하면 더 찾아보면 된다.

`animate_callback`은 `step`을 호출해서 `Life` 객체를 업데이트하고, `update`를 호출해서 화면을 업데이트한다.

연습 7-1

구현된 GoL을 *http://thinkcomplex.com/Life.py*에서 다운로드 받자.

랜덤 상태로 시작해서, 안정화될 때까지 실행해 보자. 여러분이 확인할 수 있는 안정된 패턴들에는 무엇이 있는가?

7.2 생명 패턴

무작위 상태에서 GoL을 실행한다면 안정된 패턴들이 많이 나타날 가능성이 높아진다. 블록, 보트, 벌통, 깜빡이 그리고 글라이더들이 가장 흔한 패턴이다.

사람들은 당혹스러울 만큼 오랜 시간을 이러한 패턴을 찾아 이름을 붙이는 데 사용했다. 웹을 검색해 보면 다양하게 찾을 수 있다.

대부분의 초기 조건에서, GoL은 살아있는 셀들이 거의 고정되어(약간 진동하거나) 안정된 상태에 도달한다.

하지만 몇몇 단순한 초기 조건들 하에서는 안정되기까지 오랜 시간이 걸리면서 놀라울 만큼의 살아있는 셀들을 생산한다. 이러한 패턴들은 굉장히 오래 지속되기 때문에 므두셀라(Methuselah)[23]라고 부른다.

23. 969세까지 살았다는 성서 속 인물 므두셀라

가장 단순한 것은 r-펜토미노로, 'r' 모양으로 셀이 딱 다섯 개만 존재하는 것이다. 1,103 단계를 지나고 글라이더 6개, 블록 8개, 깜빡이 4개, 벌통 4개, 보트 1개, 배 1개 그리고 빵(loaf) 1개를 만들어낸다. 가장 오래 사는 작은 패턴들 중 하나로 토끼들이 있다. 토끼들은 9개의 살아있는 셀로 시작해 17,331번의 단계를 거쳐 안정화된다.

연습 7-2

r-펜토미노를 초기 조건으로 시작하고, 결과가 위의 설명과 일치하는지 보자. 그리드의 크기와 경계부의 행동을 조절해야 될 수도 있다.

7.3 콘웨이의 추측

오래 사는 패턴들의 존재는 콘웨이의 질문으로 다시 우리를 데려온다. 절대 안정화되지 않는 초기 패턴이 있는가? 콘웨이는 그렇지 않다고 생각했지만, 본인이 틀리다는 것을 증명할 두 가지 패턴, '총'과 '뻐끔 기차(puffer train)'를 들었다. 총은 주기적으로 우주선을 생산하는 안정된 패턴이다. 우주선들의 연속된 줄기가 원천에서 밀려나오면, 살아있는 셀들의 수가 무기한으로 증가한다. 뻐끔 기차는 옮겨가는 패턴으로 살아있는 셀들을 흔적으로 남긴다.

이 패턴 둘 다 존재하는 것으로 판명났다. 빌 고스퍼(Bill Gosper)가 지휘한 팀이 첫 번째 말한 글라이더 총을 발견했고, 그것은 현재 고스퍼의 총이라고 불린다. 고스퍼는 첫 뻐끔 기차도 발견했는데 웹을 찾으면 여러 곳에서 이러한 패턴들의 설명과 함께 애니메이션을 볼 수 있다.

두 종류에 해당하는 패턴은 여러 가지가 있으나, 설계하거나 찾기는 쉽지 않은 편이다. 그건 우연이 아니다. 콘웨이는 그의 추측이 명백히 참이거나 거짓이 되지 않도록 GoL의 규칙들을 선택했다. 2D CA의 가능한 모든 규칙들 중에서, 대부분은 단순 행동을 보인다.

대부분의 초기 조건은 빠르게 안정화되거나 한없이 커진다. 재미없는 CA들을 피함으로써, 콘웨이는 울프람의 클래스 1과 클래스 2 행동 그리고 아마도 클래스 3 또한 피하게 된 것이다.

만약 우리가 울프람의 계산 등가의 원리를 믿는다면, GoL이 클래스 4에 있을 거라고 기대할 수 있으며 실제로도 그렇다. 생명게임은 1982년에 튜링 완전이라 증명되었다(그와는 독립적으로 1983년에도). 이후로 일부 사람들은 튜링기계나, 튜링 완전이라 알려진 다른 기계를 구현하는 GoL 패턴들을 만들어냈다.

연습 7-3

이름이 붙여진 패턴들은 포터블 파일 형식으로 다운받을 수 있다. `Life.py`를 수정해서 이러한 형식들 중 하나를 분석(parse)하고 그리드를 초기화해 보자.

7.4 사실주의

GoL의 안정적인 패턴들은 오히려 알아채지 않기가 어려운데, 특히 움직이는 것들은 더 그러하다. 자연스럽게 그들을 끊임없는 개체라고 보게 되는데, CA는 셀로 이루어져 있다는 사실을 기억해야 한다. 두꺼비나 빵 같은 것은 없다는 말이다. 글라이더나 우주선들 같은 경우는 더더욱 실제 같지 않다. 시간이 지나면서 동일한 셀들로 만들어지는 것도 아니기 때문이다. 그래서 이러한 패턴들은 별자리와 유사하다. 우리가 패턴을 보는 데 특화되어 있거나, 상상력이 뛰어나서 그렇게 인지하는 것이지 그들은 실제가 아니다.

그렇지 않나?

뭐, 벌써부터 결론짓지 말자. 우리가 실제라고 간주하는 많은 개체들은 작은 척도에서 보면 지속적인 패턴이기도 하다. 허리케인은 공기 흐름의 패턴일 뿐이지만, 우리는 그들에게 사람 같은 이름을 부여한다. 그리고 사람들 또한 글라이더와 마찬가지로, 시간이 지나면서 같은 세포가 유지되지 않는다. 하지만 여러분이 신체의 모든 세포를 새것으로 대체한다 하더라도 우리는 당신을 여전히 동일한 사람으로 간주한다.

이것이 새로운 관찰은 아니다. 2,500년 전에 헤라클레이토스는 동일한 강에 두 번 발을 담글 수 없다고 했었다. 그러나 생명게임에 나타나는 개체들이 **철학적 사실주의**를 생각해 보기에 좋은 시범 사례는 아니다.

철학의 관점에서, 사실주의는 세계의 개체들이 사람의 인지와 관념에 대해 독립적으로 존재한다고 본다. '인지'란, 우리의 감각으로부터 얻어내는 정보를 말함이고, '개념'이란, 우리가 세상을 형성하는 심성모형을 말한 것이다. 예를 들어 우리의 시각 시스템은 장면의 2D 투사 영상 같은 것을 인지하고, 우리의 뇌는 그 이미지를 가지고 장면에 있는 개체들의 3D 모델을 구성하는 것이다.

과학적 사실주의는 과학 이론과 그것들이 상정하는 개체들과 관계가 있다. 어떤 이론이 개체를 속성과 행동의 면에서 표현한다면 그것은 그 개체를 상정하는 것이다. 예를 들어, 멘델 유전학은 '유전자'를 상속 가능한 특성을 제어하는 구성 단위라고 상정하는 것이다. 결과적으로 우리는 유전자들이 DNA에 부호화돼 있다는 사실을 발견했으나, 50년 동안 유전자는 그저 상정된 개체에 불과했다. *http://en.wikipedia.org/wiki/Gene*를 더 보자.

다시 말하지만, 철학적 입장들을 강도의 범위로 기술하는 것이 유용하고 강조하겠다. SR1은 과학 사실주의의 약한 형태이며 SR4는 강한 형태이다.

○ SR1

과학 이론들은 그들이 현실과 비슷한(approximate) 정도에 따라 참이나 거짓이 되지만, 어떤 이론도 정확히 참은 아니다. 상정된 개체들 일부는 사실일 수 있지만, 어떤 것이 그렇다고 할 수 있는지에 대해 원칙에 따른 방법은 없다.

○ SR2

과학이 발전하면서 우리의 이론들은 더 사실과 비슷한 것이 되었다. 적어도 일부 상정된 개체들은 사실이라고 알려져 있다.

○ SR3

일부 이론들은 정확히 참이다. 일부는 얼추 참에 가깝다. 참인 이론에 의해 상정된 개체들과, 일부 참에 가까운 이론에 의해 상정된 개체들은 사실이다.

○ SR4

현실을 제대로 설명한다면 이론은 참이고, 그렇지 않다면 거짓이다. 참인 이론에 의해 상정된 개체들은 사실이다. 다른 것들은 아니다.

SR4는 너무 강한 주장이라서 아마 방어할 수가 없을 것이다. 그만큼 엄격한 기준으로라면, 모든 알려진 이론들은 거짓이 될 것이다. 사실주의자 대부분은 SR1과 SR3 사이 어딘가를 받아들인다.

7.5 도구주의

SR1은 너무 약해서 어떤 이론이 사실에 부합하는지를 우리가 알 수 없기 때문에 이론이 참인지 거짓인지를 말할 수 없다는 도구주의에 가깝다. 이론은 우리가 목적을 위해 사용하는 도구이다. 이론이란 목적에 부합하는 정도에 따라 유용하다(또는 그렇지 않다).

여러분이 도구주의를 편하게 받아들이는지를 보기 위해, 다음 서술을 읽고 생각해 보자.

"생명게임의 개체들은 사실이 아니다. 사람들이 귀여운 이름을 붙여준 셀의 패턴들일 뿐이다."
"허리케인은 그저 공기의 흐름일 뿐이지만, 우리가 예측을 하고 날씨에 대해 의사소통을 하는 데는 유용한 표현이다."
"프로이트 학설의 개체인 이드나 초자아는 실제가 아니지만, 심리학에 대해 생각해보거나 의사소통을 할 때 유용한 도구다(적어도 일부 사람들은 그렇게 생각한다)."
"전자는 전자기학의 최고 이론으로 상정된 개체이지만, 실제는 아니다. 우리는 전자를 상정하지 않고도 그만큼 유용한 다른 이론들을 만들 수 있다."
"세상에서 우리가 개체라고 여기는 많은 것들은 별자리처럼 추상적인 모듬이다. 예를 들어, 버섯이란 그저 곰팡이의 자실체로, 대개가 지하에서 자라는 거의 인접하지 않은 셀들의 네트워크다. 우리가 버섯에 집중하는 이유는 눈에 볼 수 있고 먹을 수 있는 것 같은 실질적인 이유들 때문이다."
"어떤 물체들은 선명한 경계를 가지고 있지만, 흐릿한 것들도 많다. 예를 들어, 어떤 분자가 여러분 신체의 일부일까? 폐에 들어있는 공기? 위장에 들어있는 음식? 핏속에 들어있는 영양소? 세포에 들어있는 영양소? 세포에 들어있는 물? 세포의 구조적 부분들? 머리카락? 죽은 세포? 먼지? 피부 위의 박테리아? 장에 들은 박테리아? 미토콘드리아? 이 중에서 여러분이 몸무게를 잴 때 포함시키는 분자들은 무엇인가? 세상을 분리된 물체들로 상상하는 것이 유용하긴 하지만, 우리가 구별하는 개체들은 실제가 아니다."

여러분이 동의하는 서술 하나당 1점을 주자. 4점 이상 획득했다면 여러분은 도구주의자일수도 있다!

여러분이 다른 사람들보다 이러한 서술을 더 편하게 느낀다면, 왜인지 스스로 질문해 보자. 여러분의 반응에 영향을 미치는 이들 시나리오의 차이점은 무엇인가? 그것들 사이의 원리적인 구분을 세울 수 있는가?

연습 7-4

*http://en.wikipedia.org/wiki/Instrumentalism*를 읽어보고 도구주의를 강도의 범위적 특징에 따라 나누어 서술해 보자.

7.6 튜링흰개미

튜링 기계를 두 개의 차원으로 일반화시키거나 읽기-쓰기 헤드를 2D CA에 덧붙이면, 튜링흰개미(turmite)라고 부르는 셀룰러 오토마타가 된다. 읽기-쓰기 헤드가 움직이는 방식에서 흰개미(termite)라는 이름이 붙었지만, 앨런 튜링에 대한 오마주로 일부러 turmite이라고 철자를 틀리게 썼다.

가장 유명한 튜링흰개미는 랭톤의 개미로, 1986년에 크리스 랭톤(Chris Langton)이 발견한 것이다. *http://en.wikipedia.org/wiki/Langton_ant*를 더 읽어보자.

그의 개미는 읽기-쓰기 헤드에 4가지 상태가 있어서, 동서남북 방향을 보고 있는 것으로 생각할 수 있다. 셀에는 흰색과 검정색 두 상태가 있다.

규칙은 아주 단순하다. 각 시간 단계마다, 개미는 자기가 위치한 셀의 색깔을 확인한다. 만약 그게 검정색이면 개미는 오른쪽으로 돌고, 셀의 색깔을 흰색으로 바꾼 뒤, 한 칸 앞으로 간다. 만약 셀이 흰색이면 개미는 왼쪽으로 돌고, 셀의 색깔을 검정색으로 바꾼 뒤, 한 칸 앞으로 간다.

단순한 세상과 단순한 규칙 집합을 주고, 움직이는 부분을 하나만 주면 단순한 행동을 보게 된다. 이쯤 되면 여러분도 알 것이다. 전부 흰색 셀로 시작해서, 랭톤의 개미는 무작위로 보이는 패턴을 10,000 단계 반복한 뒤 104 단계 순환 주기에 진입한다. 각 순환마다 개미는 대각선으로 옮겨가서, '고속도로'라고 불리는 자국을 남긴다.

여러 마리의 튜링흰개미로 시작하면, 서로와 교류하면서 매우 복잡해 보인다. 튜링흰개미 한 마리가 고속도로에 있으면, 다른 개미가 쫓아가거나, 추월하거나, 그 개미의 패턴을 뒤집도록 만들거나, 고속도로를 거꾸로 올라가며 흰색 셀만 뒤에 남길 수도 있다.

연습 7-5

랭톤의 개미를 구현해 보자.

내 답은 Swampy의 일부인 `TrumiteWorld.py`에서 찾을 수 있다.

http://thinkpython.com/swampy/

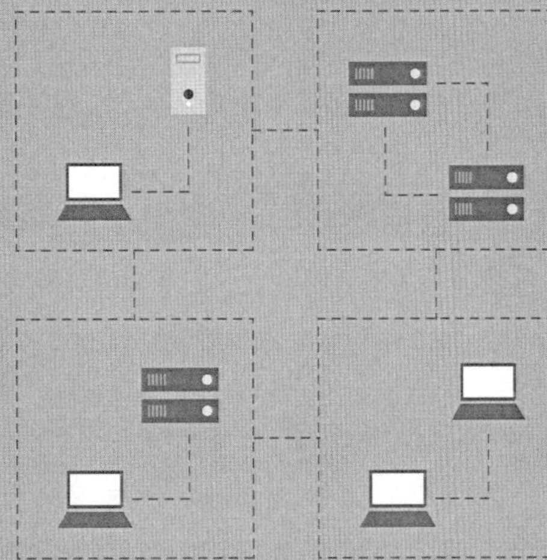

Chapter

8

프랙탈 (Fractals)

프랙탈을 이해하기 위해서는 차원에 대한 이해가 선행되어야 한다. 차원이란 공간상에서 어느 한 점을 특정짓기 위해 필요한 좌표의 수라고 할 수 있다. 수직선은 하나의 좌표로 나타낼 수 있고, 유클리드 평면을 표현하는 데는 두 개의 좌표가 필요하며, 입체공간을 표현하기 위해서는 세 개의 좌표가 필요하다. 위키피디아의 다음 엔트리를 읽어보자 *http://en.wikipedia.org/wiki/Dimension*.

복잡하지 않은 기하객체의 경우 차원은 증가 배율, 즉 객체의 크기가 길이 l에 비례해서 변화하는 정도로 정의된다. 예를 들어, 정사각형의 면적은 한 변의 길이의 제곱인 l^2이다. 여기서 지수 2는 정사각형이라는 객체가 2차원임을 나타낸다. 마찬가지로, 정육면체의 면적은 l^3이며 따라서 정육면체는 3차원 객체이다. 직선은 1개의 차원을 가지고 있으며 점 또한 무한히 작은 점을 산정할 경우 0차원으로 나타낼 수 있다. **프랙탈 차원**은 이러한 차원의 정의에서 좀더 정확하고 일반적인 확장을 한 것이다. 프랙탈 차원을 계산하는 방법에는 여러 가지가 있으나 그 중 비교적 이해와 적용이 쉬운 **상자수 차원** (box counting dimension)을 알아보도록 하자. *http://en.wikipedia.org/wiki/Box-counting_dimension*를 참고하라.

상자수 차원을 계산하기 위해서는 먼저 공간을 각 셀의 면적이 ε인 격자공간으로 나눈다. 그리고 S의 원소를 최소 하나 이상 포함하고 있는 셀의 개수인 $N(\varepsilon)$를 계산한다. 셀의 면적인 ε가 작아지면 $N(\varepsilon)$는 커지며, 일반적으로 그 관계는 다음과 같이 나타낼 수 있다.

$$N(\varepsilon) \sim (1/\varepsilon)^D$$

상자수 차원 D_{box}는 여기서 지수 D로 정의된다. 여기서 양변에 로그를 취하고 이항을 하면 다음의 식이 도출된다.

$$D_{box} = \frac{\log N(\varepsilon)}{\log(1/\varepsilon)}$$

좀더 형식을 갖추자면 D_{box}는 ε가 0에 수렴할 때의 극한값이라고 할 수 있다.

8.1 프랙탈CA

프랙탈 차원의 성질을 알아보기 위해 셀룰러 오토마타(CA)에 적용해보겠다. CA를 위한 상자 셈법은 간단하다. 단순히 각 단계마다 "켜져 있는" 셀의 개수를 집계하면 되기 때문이다.

규칙 254번을 예로 들어보자. 그림 8-1은 규칙 254번이 4번의 시간 단계를 거친 후의 모습을 나타내며, 그림 8-2는 규칙 254번이 8번의 시간 단계를 거친 후의 모습이다.

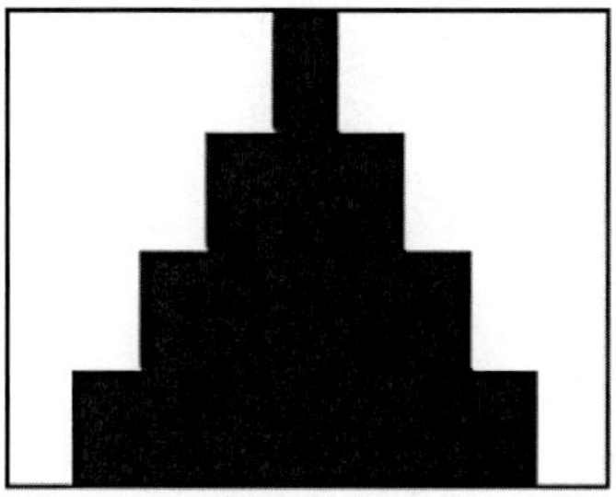

그림 8-1 4회의 시간 단계를 지난 규칙 254번

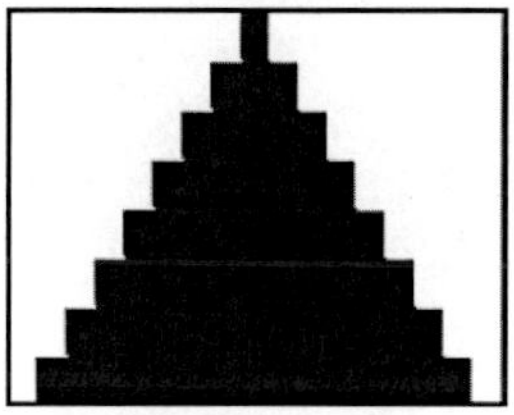

그림 8-2 8회의 시간 단계를 지난 규칙 254번

t가 증가함에 따라 (셀로 이루어진) 삼각형의 크기가 커진다고도 생각할 수 있으나, 여기에서는 상자 세기의 목적을 위해 대신 각 셀의 크기가 작아지는 것으로 표현한다. 이 경우 셀의 크기 ε는 $1/t$에 비례한다.

첫 번째 시간 단계가 지나면 하나의 검은 셀이 추가된다. 두 번째 시간 단계가 지나면 총 4개의 검은 셀이 나타나며 이후 9, 16, 25의 순으로 증가한다. 예상대로 검은 셀로 이루어진 삼각형의 총 면적은 2차식으로 증가한다. 좀더 정형적으로 표현하자면, $N(\varepsilon) = (1/\varepsilon)^2$ 이기 때문에 $D_{box} = 2$ 이다. 따라서 우리는 삼각형이 2차원 객체라는 결론을 내린다.

한편 규칙 18번은 좀 더 흥미로운 결과를 보인다. 그림 8-3은 규칙 18번의 64번째의 시간 단계 이후의 모습을 나타내며 그림 8-4는 $N(\varepsilon)$ 대 $1/\varepsilon$ 의 관계를 로그 스케일 그래프상에 그려본 것이다.

D_{box} 를 추정하기 위해 선형 적합을 수행하였고 해당 추세선의 기울기는 1.56으로 나왔다. 따라서 D_{box} 는 정수가 아니고 이는 이 점의 집합이 **프랙탈**을 구성한다는 것을 의미한다. t 가 증가함에 따라 추세선의 기울기는 $\log 3/\log 2$ 에 근접하게 되며 이는 시에르핀스키(Sierpinski) 삼각형의 프랙탈 차원이기도 하다.

*http://en.wikipedia.org/wiki/Sierpinski_triangle*를 참고하라.

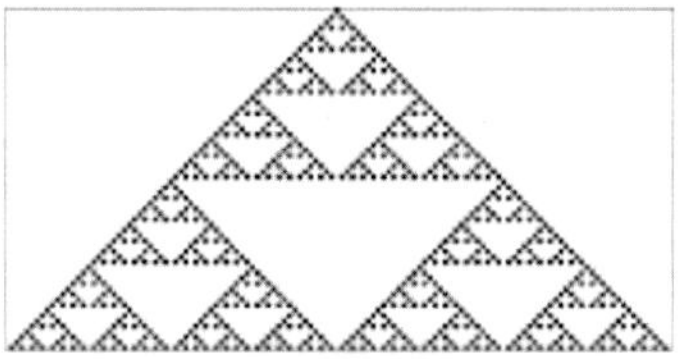

그림 8-3 64회의 시간 단계를 지난 규칙 18번

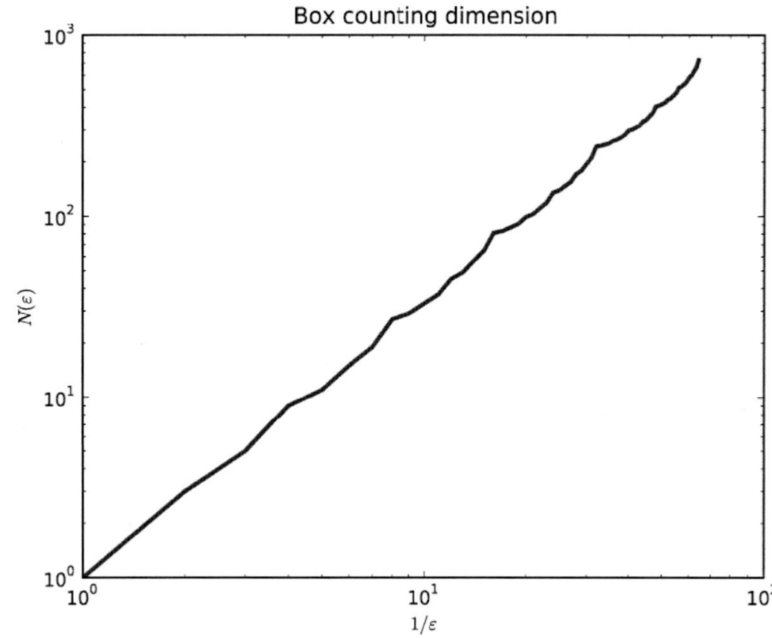

그림 8-4 규칙 18번에서 상자수 대비 t

연습 8-1

CA오브젝트를 받아 $\varepsilon = 1/t$일 때 $N(\varepsilon)$대 $1/\varepsilon$의 그래프를 그리고 D_{box}를 추정하는 함수를 작성하고, 이를 통해 비정수 프랙탈 차원을 가진 또다른 CA를 찾도록 하자.

다만 CA를 한번 실행하게 되면 수렴하는데 까지 시간이 다소 걸릴 수 있으니 주의하도록 하자.

다음은 `Numpy`라이브러리에서 유용하게 쓸 수 있는 함수의 목록들이니 참고하자. (`Cumsum, log, polyfit`)

위 정답은 *http://thinkcomplex.com/fractal.py*에서 볼 수 있다.

연습 8-2

1990년도에 Bak, Chen, Tang은 산불을 추상적으로 모델링한 셀룰러 오토마타를 제안했다. 각 셀은 다음의 상태 중 하나를 갖는다. 1) 비어 있거나, 2) 나무가 심어져 있거나, 3) 불타고 있거나. 이 셀룰러 오토마타의 규칙들은 다음과 같다.

1. 빈 셀은 확률 p에 의해 채워진다.
2. 나무가 심어져 있는 셀은 이웃한 셀이 불타고 있는 경우 다음 시간 단계에 불이 옮겨붙어 불타게 된다.
3. 나무가 심어져 있는 셀은 이웃에 불타는 셀이 없다 하더라도 자연 발화할 수 있는 확률인 f가 있다.
4. 불타고 있는 셀은 다음 단계에 빈 셀이 된다.

이 모델에 대해서 다음의 링크에서 더 자세히 읽어보고 프로그램으로 구현해보자. *http://en.wikipedia.org/wiki/Forest-fire_model* 도움이 필요한 경우 다음의 주소에서 저자가 작성한 코드를 참고해도 좋다. *http://thinkcomplex.com/Life.py*

임의로 셀의 최초 상태를 설정하고 나무의 개수가 더 이상 지속적으로 늘어나거나 줄어들지 않는 상태에 도달할 때까지 CA를 실행하도록 하자. 경우에 따라 확률 p와 f를 조정할 필요가 있을 수도 있다. 더 이상 변화가 없는 안정 상태에서 숲의 기하학적 구조는 프랙탈 구조를 이루고 있는가? 그렇다면 그 숲의 프랙탈 차원은 무엇인가?

8.2 여과(Percolation)

지금까지 우리가 보아온 CA들은 물리적 모델이 아니다. 즉, 현실세계의 시스템을 기술하고자 만들어진 모델들이 아니라는 뜻이다. 그러나 일부 CA들은 물리적 모델로써 고안되었다. 이 섹션에서는 그 중 하나인 격자 기반의 단순여과 모델에 대해 고찰해본다. 다음 장에서는 산불과 산사태 그리고 지진을 모델링한 예제들을 살펴본다.

여과란 액체가 반투과성 물질을 통과하는 과정을 의미한다. 석유가 암반층을, 물이 거름종이를, 또는 수소 기체가 미세공 물질 사이를 통과하는 것이 바로 여과라고 할 수 있다. 여과 모델은 실제 여과작용에만 국한되지 않고 전기저항기의 망구조나 확산을 연구하는 데에도 이용된다. *http://en.wikipedia.org/wiki/Percolation_theory*를 참고하자.

여과 과정은 종종 상전이의 특성을 보인다.이는 여과용 물질의 투과성과 같은 연속적인 파라미터에서의 작은 변화가 여과 대상 물질의 급격한 행동 변화를 가져오는 현상을 나타낸다. 이러한 전환이 일어나는 구간을 '임계점'이라고도 한다.

이러한 여과 과정을 추상화한 모델에는 크게 두 가지가 있다. 대지(site) 여과와 결합(bond) 여과가 그것이다. 결합 여과는 각 대지가 네 개의 이웃한 대지와 결합으로 이어져 있는 격자형 대지에 기초한다. 각 결합은 투과성 또는 비투과성의 성질을 가진다. 이 때 투과성 결합으로 직/간접적으로 연결된 대지들의 집합을 클러스터라 부른다. 그래프 이론에서는 대지에 해당하는 것을 노드 또는 꼭짓점이라고 부르고, 결합을 연결선이라고 지칭하며, 클러스터를 연결 그래프라고 한다.

반면 대지 여과는 각 셀의 여과용 물질이 투과성 또는 비투과성 부분으로 되어있는, 셀들로 이루어진 격자형 공간을 가정한다. 투과성 셀 두개가 인접해 있을 경우 그 두 셀은 연결된 것으로 간주한다. 앞의 방법과 마찬가지로 연결된 셀의 집합은 클러스터로 취급한다.

여과 시스템에서 유량이라는 것은 투과성 셀들이 여과재를 가로질러 반대편까지 도달하도록 경로를 형성하고 있는지 여부에 달려있기 때문에, 이를 알기 위해서는 특정 셀들(또는 결합들)의 집합이 '포괄 클러스터 (spanning cluster)'를 포함하고 있는지를 알아내는 것이 중요하다. 포괄 클러스터를 정의하는 방법은 여러 가지가 있기에 모델링 하고자 하는 시스템에 따라 잘 선택하면 된다. 포괄 클러스터를 설명하는 가장 쉬운 형태의 정의는 격자의 최상단부터 최하단까지 종단하는 클러스터가 되겠다.

여과재의 투과성을 모델링하기 위해서는 특정 셀이 투과성을 지닐 확률을 나타내는 매개변수 p를 정의하는 것이 일반적이다. p의 값이 주어진 상태에서는 많은 수의 무작위 격자를 생성하고 그 중 연결 클러스터가 포함된 비율을 관찰하는 것으로 포괄 클러스터가 존재할 확률 $R(p)$를 추정하는 것이 가능하다.

이렇게 확률을 추정하는 방법론을 몬테카를로 시뮬레이션이라고 한다. 여과 모델은 종종 상전이가 일어나는 투과성 부분의 비율인 임계값 P_c를 계산하는 데 사용된다. 다시 말해, 포괄 클러스터가 생겨날 확률이 0 가까이에서부터 1 가까이까지 급격히 늘어나는 지점을 찾는 것이다.

연습 8-3

"여과를 위한 효율적 몬테카를로 알고리즘과 초정밀 결과(Efficient Monte Carlo Algorithm and High-Precision Results for Percolation)"라는 논문에서 Newman과 Ziff는 격자를 통과하는 경로가 존재하는지를 효율적으로 확인할 수 있는 알고리즘을 제안한다. 해당 논문은 *http://arxiv.org/abs/condmat/0005264*에서 다운받을 수 있다. 논문을 읽고 알고리즘을 구현한 다음 그림 2(a)의 결과물을 재현하라.

1. 뉴만(Newman)과 지프(Ziff)가 말하는 '작은 바른틀 앙상블(microcanonical ensemble)'과 '바른틀 앙상블(canonical ensemble)'의 차이점은 무엇인가? 해당 용어들에 대한 이해를 *http://en.wikipedia.org/wiki/Statistical_mechanics.*[24]를 참조하도록 하자. 둘 중 어느 쪽이 몬테카를로 시뮬레이션을 통해 추정하기 더 쉬운가?

2. 두 개의 클러스터를 효율적으로 병합하기 위해 어떠한 알고리즘을 사용했는가?

3. 그들의 알고리즘이 더 간단한 대안에 비해 더 빠른 주된 이유는 무엇인가?

24. 역자주) *https://ko.wikipedia.org/wiki/작은_바른틀_앙상블*, *https://ko.wikipedia.org/wiki/바른틀_앙상블*

Chapter

9

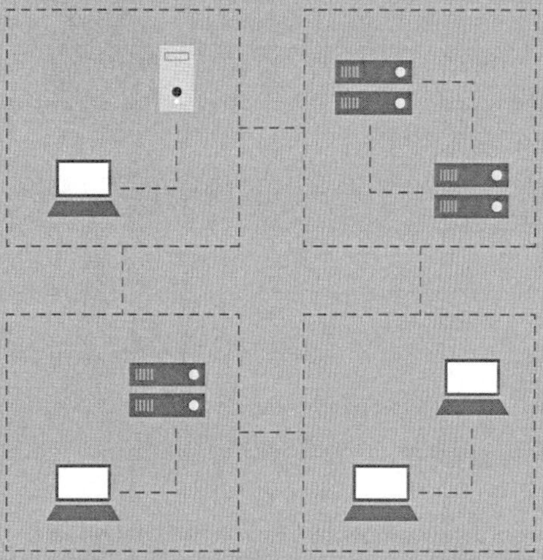

자체 조직화 임계성 (Self-Organized Criticality)

9.1 모래 더미 모델

1987년 박(Bak), 탕(Tang) 그리고 비센펠트(Wiesenfeld)는 피지컬 리뷰 레터지(Physical Review Letters)에 "자체 조직화 임계성: 노이즈에 대한 설명"이라는 논문을 발표했다. 해당 논문은 다음의 주소에서 다운받을 수 있다. *http://prl.aps.org/abstract/PRL/v59/i4/ p381_1* 논문의 내용은 다음과 같다. 시스템은 스스로가 취할 수 있는 두 가지 상태 사이에서 변화의 경계에 있을 때 임계상태에 있다고 할 수 있다. 예를 들어 어는 점에 있는 물의 경우 임계상태에 있는 시스템 즉, 임계 시스템이라고 할 수 있다. 다양한 임계 시스템들은 공통적으로 다음의 양상을 보인다.

- 일부 물리량에 대해 긴 꼬리 분포를 보인다. 예를 들어 물이 얼 때 생기는 얼음 결정의 크기는 멱함수의 분포를 보인다.
- 프랙탈 기하구조를 가진다. 예를 들어 어는 점에 있는 물은 프랙탈 패턴을 보이는데, 눈송이의 결정 모양이 바로 그 결과이다. 프랙탈은 자기 유사성의 특성을 가지고 있는데 이는 패턴의 일부분이 패턴 전체의 축소판과 닮아있는 것을 의미한다.
- 핑크 노이즈를 보이는 시간에 편차가 존재한다. 우리가 '잡음' 또는 '노이즈'라고 부르는 것은 사실 다양한 주파수 요소를 가지고 있는 시계열 신호이다. 화이트 노이즈의 경우 모든 주파수 요소들이 동일한 수준의 에너지를 가지고 있다. 핑크 노이즈의 경우 저주파 요소들이 고주파 요소들보다 더 높은 에너지를 가지고 있다. 더 구체적으로는 주파수 f에서의 출력은 $1/f$에 비례한다. 이러한 에너지 스펙트럼을 가진 가시광선은 핑크빛을 띄기 때문에 그러한 이름이 붙었다.

임계 시스템은 보통 불안정한 상태에 있다. 예를 들어 물이 일부만 얼어있도록 유지하기 해서는 동적으로 온도를 조절해야 한다. 물이 임계 온도에 가까워지면 조금의 차이로도 얼거나 녹을 수 있다.

많은 자연계 시스템이 이와 같은 임계성을 보이는데, 불안정한 임계점을 유지하고 있는 상태는 흔하지 않을 것이다. 이것이 백, 탕과 비센펠트가 풀고자 한 퍼즐이다. 그들의 해결책은 자체 조직화 임계성으로, 여기서 자체 조직이란 시스템이 최초 상태에서 외부 조작 없이 임계 상태로 이동하고 그 상태를 유지하는 경향이 있음을 의미한다.

자체 조직화 임계성 이론을 뒷받침 하는 예로 그들은 모래 더미 모델을 제안했다. 이는 현실적인 모델은 아니지만 이후 자체 조직화 임계성을 설명하는 전형적인 예제로 자리 잡았다.

모래 더미 모델은 각 셀의 상태 $z(i, j)$가 모래 더미의 각 부분의 기울기를 표현하는 2차원 셀룰러 오토마타이다. 이 연구에서 백과 동료들은 먼저 각 시간 단계가 지날 때 마다 기울기가 임계값 K를 넘은 셀이 있는지를 확인한다. 만약 기울기가 임계값을 넘은 셀이 있다면 '산사태'가 일어나 모래를 주변의 셀들로 전달한다. 임계값을 넘은 셀의 기울기 $z(i, j)$는 4가 줄어들며 인접한 셀들은 기울기가 각각 1씩 증가하게 된다.

격자의 둘레에 있는 셀들은 기울기가 0으로 유지되며, 이로 인해 경계에 있는 모래들은 가장자리로 흘러넘친다. 시스템을 초기화할 때는 $z > K$인 셀들부터 시작하여 시스템이 정상화될 때까지 시간 단계를 진행한다. 여기에 그들은 작은 섭동을 인가하며 그 영향을 관찰한다. 한번에 하나씩 무작위로 선정된 셀의 기울기를 1씩 증가시키며 시스템이 정상화될 때까지 시간 단계를 진행시키는 과정을 반복한다.

그리고 모래 더미에 대한 각각의 섭동에 대해 그 결과로 일어난 산사태의 영향을 받는 셀의 총 개수인 D를 측정한다. 이 때 D는 아주 작은 값인 1인 경우가 대부분이지만 종종 커다란 산사태가 모래 격자의 상당 부분에 영향을 줄 때가 있다. 관측 결과 D의 값은 긴 꼬리 분포를 보이는 것이 밝혀졌으며 이는 모래 더미 시스템이 임계 상태에 있다는 주장을 지지했다.

연습 9-1

앞에 언급된 논문을 읽고 그들의 CA를 구현하는 프로그램을 작성하라. 다음 주소에서 이미 작성된 프로그램을 다운받아 시작해도 좋다. *http://thinkcomplex.com/Life.py*. 논문에서한 번의 섭동으로 영향을 받는 클러스터의 크기의 분포를 보여주는 그들의 그림 2(a)을 재현해보자. 시스템이 어느 정도 돌아간 이후에는 시스템의 프랙탈 차원을 계산하도록 하자.

9.2 스펙트럴 밀도(Spectral Density)

논문 제목에 있는 $1/f$ 노이즈 부분을 이해하기 위해서는 먼저 스펙트럴 밀도에 대해서 알아볼 필요가 있다. 시간에 따라 변화하는 신호 $h(t)$가 있다고 할 때, 주파수 f를 해당 주파수에 가지는 에너지의 양에 대입시켜주는 함수인 에너지 스펙트럼 밀도 $P(f)$로 표현하는 것이 가능하다. 이러한 방법은 다양한 신호에 적용이 가능하나 여기서는 음향 신호를 예로 들도록 하겠다.

우리가 '중앙 라' 음이라고 부르는 음계는 440 헤르츠라는 주파수에 해당한다. '중앙 라' 음을 조율하는 쇠굽을 두드리면 440 헤르츠의 순수 사인 곡선에 가까운 소리를 내는데, 같은 음을 피아노에서 연주하게 되면, 각기 다른 주파수의 다양한 요소들을 포함한 복잡한 소리가 발생하게 된다. 그 중에서도 가장 에너지가 높은 주파수는 440 헤르츠이며 그것이 우리가 그 소리를 중앙 라음으로 인지하는 이유이나 실제로는 880, 1320 그리고 더 높은 주파수들을 가지고 있는 요소들이 섞여 있는 것이다.

이 요소들은 고조파라고 불리며 우리가 음정이라 인식하는 것은 일반적으로 이 중에 지배적인 주파수 요소이다. 그러나 만약 어떤 소리가 비슷한 크기의 에너지를 가지고 있는 요소들로 구성되어 있다면 그 소리에는 음정이 없다고 할 수 있다. 인간의 귀에는 이것이 잡음으로 들린다.

스펙트럼 분석은 스펙트럼 밀도를 계산하는 것으로 신호를 분석하는 방법이다.[25] 그 첫 번째 과정은 $h(t)$의 푸리에 변환을 구하는 것이다.

$$H(\omega) = \int_{-\infty}^{\infty} h(t) e^{i\omega t} dt$$

여기서 $\omega = 2\pi f$는 초당 라디안으로 표현된 각주파수이다. 각주파수를 사용하면 계산시 2π의 출현빈도를 줄일 수 있다는 장점이 있다. $H(\omega)$는 복소수기 때문에 대문자로 표기하였으며 이는 다시 강도 $|H(\omega)|$와 각도를 가지는 벡터로 생각할 수 있다. 에너지 스펙트럼 밀도는 푸리에 변환과 다음과 같이 연관되어 있다.

$$P(f) = |H(2\pi f)|^2$$

응용 분야 에 따라 우리는 f와 $-f$의 차이를 신경쓰지 않을 수도 있다. 그런 경우에는 단방향 에너지 스펙트럼 밀도를 사용한다.

$$P(f) = |H(2\pi f)|^2 + |H(-2\pi f)|^2$$

지금까지는 $h(t)$가 연속 함수라 가정해왔지만 이산시간에서의 수열인 경우도 종종 있다. 그러한 경우에는 연속시간 푸리에 변환을 이산 푸리에 변환(DFT)으로 대체할 수 있다. 우리에게 N개의 수열 h_k이 있고 k의 범위는 0부터 $N-1$까지라고 가정하자. 이산 푸리에 변환은 H_n으로 표기되었으며 여기서 n은 주파수의 인덱스값이다.

$$H_n = \sum_{k=0}^{N-1} k_k e^{2\pi ikn/N}$$

이 수열의 각 값은 특정 주파수에 대응한다. h_k의 원소들이 만약 시간 단계 d라는 동일 시간간격으로 배치되어있다면 H_n에 대응되는 주파수는 다음과 같다.

$$f_n = \frac{n}{Nd}$$

25. *Numerical Recipes in C*의 표현법을 따르고 있다.

단방향 에너지 스펙트럼 밀도를 구하기 위해서는 n의 범위를 $-N/2$에서 $N/2$ 사이로 두고 H_n을 계산하면 된다.

$$P_n = |H_n|^2 + |H_{-n}|^2$$

이 때 색인값 이음수로 나오는 것을 피하기 위해서 n의 범위를 0에서 $N-1$로 두고 $H_{-n} = H_{N-n}$의 관계에서 치환하는 것이 일반적이다.

연습 9-2

N개의 값을 지닌 수열 h를 인자로 받아 n의 범위를 0부터 $N-1$까지로 두는 수열 H_n를 반환하는 함수 dft를 작성하자. 파이썬은 복소수 타입을 기본적으로 지원한다. complex 함수는 실수부와 허수부 두 개의 인자를 받아 복소수를 반환한다.

```
>>>complex(1, 1)
(1+1j)
```

cmath 모듈은 복소수 연산을 지원하는 수학 함수들을 제공한다.

```
>>> import cmath
>>>i = complex(0, 1)
>>> N = 128
>>>cmath.exp(2 * math.pi * i / N)
(0.99879545620517241+0.049067674327418015j)
```

이 때 dft 함수 실행시간의 증가기준은 얼마인가?

호이스팅은 반복실행문에서 바뀌지 않는 부분의 코드를 루프 밖으로 꺼내 코드의 성능을 올리는 방법이다. 다음을 참조하자. *http://en.wikipedia.org/wiki/Loop-invariant_code_motion*.

수식의 다음 부분에 호이스팅을 가해 가독성도 늘리고 성능도 개선할 수 있다.

$$W = e^{2\pi i/N}$$

이 때 호이스팅이 증가 기준에 미치는 영향은 무엇인가?

9.3 고속 푸리에 변환(Fast Fourier Transform)

고속 푸리에 변환은 DFT를 효율적으로 계산하는 알고리즘이다. 이는 종종 쿨리(Cooley)와 터키(Tukey)의 저작으로 오인되는 경우가 있지만 그 이전에 이미 독립적으로 여러번 발견되었음이 밝혀졌다. 다음을 참조하자. *http://en.wikipedia.org/wiki/Fast_Fourier_transform*.

FFT의 첫 번째 단계는 다음 식의 대입을 통해 위의 식을 다시 정리하는 것이다.

$$W = e^{2\pi i/N}$$

$$H_n = \sum_{k=0}^{N-1} h_k W^{nk}$$

두 번째 단계는 다음의 Danielson-Lanczos정리를 적용하는 것이다.

$$H_n = H_n^e + W^k H_n^o$$

여기서 H^e는 짝수 색인 항들의 DFT이며 H^o는 홀수 색인 항들의 DFT이다. 이 정리는 H_n의 정의를 자연스럽게 따른다. 다음의 주소에서 이에 대한 증명을 볼 수 있다. *http://mathworld.wolfram.com/Danielson-LanczosLemma.html*. 이 정리는 수열 h의 DFT를 평가하는 재귀적 알고리즘을 제안한다. 만약 수열 h가 하나의 항만 가진다면 $H = h$ 이다. 그 외의 경우에는 다음의 순서를 따른다.

1. h를 h^e와 h^o로 나눈다.

2. 두 번의 재귀호출을 통해 H^e와 H^o를 구한다.

3. Danielson-Lanczos 정리를 이용해 H^e와 H^o를 H로 병합한다.

H에 $2N$개의 항이 있을 경우 H^e와 H^o는 각각 N개의 항 밖에 가지고 있지 않다. 둘을 병합하는 것은 $H^e_{n+N} = H^e_n$에 의해 가능하다. 이 재귀 알고리즘이 바로 빠른 푸리에 변환이다.

연습 9-3

빠른 푸리에 변환을 구현한 `fft`라는 이름의 함수를 만들고, 함수가 올바로 구현되었는지를 확인하기 위해 `numpy` 모듈의 `fft` 함수의 결과와 비교해보자.

구현물의 증가 기준은 얼마인가? 또한 필요한 저장공간의 증가기준은 얼마인가?

일반적으로 FFT를 구현할 때는 보통 정교한 색인 계획을 세워 수열 전체를 복제하는 것을 피한다. 그래서 수열을 복제하는 대신, 각 항을 교체한다. 자세한 내용은 다음의 주소를 참고하자. *http://en.wikipedia.org/wiki/Butterfly_diagram*

`fft` 함수가 정상적으로 작동하는 것을 확인하였으면, 수열 h를 인자로 받아 단방향 에너지 스펙트럼 밀도를 반환하는 `psd`라는 이름의 함수를 작성하자. 다음의 주소에서 저자가 직접 작성한 코드를 참고해도 좋다.

http://thinkcomplex.com/Fourier.py

9.4 핑크 노이즈(Pink Noise)

1988년의 후속 연구에서 백, 탕 그리고 비센펠트는 각 단계에서 역치를 넘은 셀의 개수인 시계열 $F(t)$를 들여다봤다. 그들은 셀의 상태값을 무작위로 그리고 불규칙적인 간격으로 증가시킨 것으로 보인다. 예를 들어 모든 시간단계에 각셀의 상태값이 증가할 확률을 정해놓는 식으로 말이다. 이 모델에서는 기존의 모델과는 달리 한 번에 여러 개의 산사태가 동시에 일어날 수 있다. $F(t)$의 그래프를 그려보면 노이즈가 존재하지만 완전히 무작위가 아니라 핑크 노이즈의 형태를 보임을 알 수 있다. 추가로 그들은 F의 에너지스펙트럼 밀도를 로그-로그 스케일로 도식화하였다. F가 $1/f$의 노이즈라고 가정하면 다음이 성립한다.

$$P_n \sim 1/f_n = \frac{Nd}{n}$$

이 모델에서는 임의의 시간 단위를 사용하기 때문에 $d=1$로 정할 수 있다.양변에 로그를 취하고 정리하면 다음이 성립한다.

$$\log P_n \sim \log N - \log n$$

따라서 로그-로그 스케일에서 $1/f$ 노이즈의 PSD는 기울기 -1을 가지는 직선이다.

연습 9-4

모래 더미 모델의 구현결과물에서 임의의 셀의 상태값을 무작위 간격으로 증가시키고, 각 시간 단계에 임계값을 초과하는 셀의 수를 기록하도록 바꾸어 작성하자. 평균 PSD를 추정하기 위해서 시계열을 128개에서 256개 값의 덩어리로 나눈 다음 각 덩어리의 PSD를 계산하고 모든 덩어리의 PSD값의 평균을 내면 된다. 기록 결과를 로그-로그 스케일 그래프로 그리고 기울기를 추산하도록 하자.

연습 9-5

1989년의 논문 "'생명게임'에서의 자체 조직화 임계성"에서 박(Bak), 첸(Chen) 그리고 크로이츠(Creutz)는 생명게임이 자체 조직화 임계 시스템이라는 증거를 제시하였다. 다음의 주소에서 논문을 보도록 하자.

http://www.nature.com/nature/journal/v342/n6251/abs/342780a0.html

실험을 재현하기 위해 GoLCA를 정상상태가 될 때까지 실행하고 임의의 셀을 골라 섭동을 가한다. CA가 정상화될 때까지 다시 실행하고 정상화까지 걸린 시간 단계의 수 t와 영향을 받은 셀의 수인 s를 기록하자. 반복해서 많은 수의 실험을 돌려본 뒤 t와 s의 분포를 그래프에 그려보자. 마지막으로 노이즈를 테스트하기 위한 효율적인 실험 방법을 생각해보도록 하자.

이후에 이 논문의 결론에 의문을 제기하는 연구들이 있었다. 그 내용에 관심이 있으면 릭블로크(Rik Blok)의 논문 "경계 없는 생명(Life without bounds)"을 읽어보도록 하자.

9.5 환원주의와 전체주의

자기 조직화 임계성에 대한 논문들 중에서도 백, 탕 그리고 비센펠트의 첫 논문이 아마도지난 수십년간 가장 많이 인용되어온 논문일 것이다. 그 이후에도 자기 조직화 임계성을 보이는 새로운 시스템들이 계속 발견되어 왔지만 그 중에서도 모래 더미 모델이 가장 자세히 연구되었다.

사실, 모래더미 모델은 모래 더미의 속성을 아주 잘 반영한 모델은 아니었다. 모래라는 것은 원체 조밀하고 점성이 적기 때문에 그 운동량이 산사태의 발생에 무시할 수 없는 영향을 끼친다. 그 결과 실제로 아주 작거나 큰 산사태는 모델이 예측한 것만큼 많이 발생하지 않았고 따라서 산사태의 분포 또한 긴꼬리 분포를 보이지 않았다.

백은 이 주장이 아주 중요한 부분을 간과하고 있다고 말한다. 모래 더미 모델은 모래더미의 사실적인 모델로서 만들어진 것이 아니라도 큰 범주의 모델에 대한 예시로 제시된 것이라고.

이 주장을 이해하기 위해서는 두 가지의 모델을 이해하는 것이 도움이 된다. **환원주의** 모델이란 시스템을 그것의 요소들과 요소들간의 상호작용에 대한 기술로 모델을 설명하는 방법이다. 특정 시스템을 설명하기 위해 환원주의 모델을 사용할 때에는 모델의 요소들과 시스템의 요소들간의 적절한 비유를 제시할 필요가 있다.

예를 들어, 이상기체 법칙이 성립하는 이유를 설명하기 위해 우리는 점질량을 가지는 기체와 그것을 구성하는 분자들을 모델링하고 그것들간의 상호작용을 탄성충돌로 설명할 수 있다. 이 때 이 모델을 사용해 모의실험을 하거나 분석을 하는 것으로 이 모델이 이상기체 법칙을 따르는 것을 알 수 있다. 따라서 이 실제 기체의 분자들이 모델상의 분자들과 유사한 움직임을 보인다는 점에서 이 모델은 만족할 만한 모델이라 할 수 있다. 여기서의 비유는 시스템의 요소들과 모델의 요소들간에 이루어진다.

반면 **전체주의** 모델은 시스템 전체의 유사성에 초점을 두며, 세부요소들간에는 중점을 두지 않는다. 전체주의 모델링 방법은 일반적으로 순서와 관계없이 다음의 두 과정으로 이루어진다.

- 다양한 시스템에서 공통적으로 나타나는 현상을 찾아낸다.
- 그 현상을 재현하는 가장 쉬운 모델을 찾아낸다.

예를 들어 리처드 도킨스(Richard Dawkins)의 저서 〈이기적인 유전자〉에서 그는 유전적 진화는 다양한 진화 시스템들 중 한 가지 케이스일 뿐이라고 한다. 그는 이산형 복제자, 유전 변이 그리고 차등 번식 등 진화의 필수 요소들을 가지고 있는 시스템들은 예외없이 설계자 없는 복잡성을 포함해 유사한 속성을 보인다고 하였다.

이러한 진화 시스템으로 그는 사람에서 사람으로 "복제"되어 전달되는 생각이나 행동인 **밈** (meme)을 그 예로 들었다. 밈은 사람들의 관심이라는 자원을 가지고 경쟁하면서 유전적 진화와 비슷한 방법으로 진화한다.

모인학 (memetics)을 비판하는 사람들은 밈과 유전자는 적절한 비유관계가 성립하지 않는다는 점을 지적한다. 분명 밈과 유전자 사이에는 명확한 차이점들이 많이 존재하지만 도킨스는 애초에 유전자와 밈이 유사한 개념이 아니기 때문에 이러한 차이점은 중요하지 않다고 한다. 오히려 모인학과 유전학은 진화 시스템이라는 커다란 범주에 속하는 다른 예시들일 뿐이고 이들 간의 차이점이 여기서의 진짜 핵심 포인트를 강조한다. 바로 진화 모델이란 겉보기에 전혀 달라보이는 시스템들에 보편적으로 적용할 수 있는 모델이라는 점이다. 이 주장의 논리적 구조는 그림 9-1에 나타나있다.

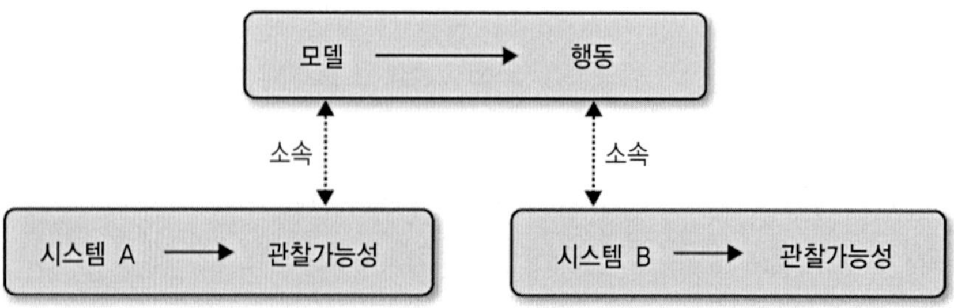

그림 9-1 전체주의 모델의 논리 구조

백은 이와 비슷하게 자체 구성 임계성 또한 이처럼 시스템의 넓은 범주에 적용할 수 있는 보편적인 모델이라는 주장을 한 적이 있다. 위키피디아에 의하면 "자체 조직 임계성은 일반적으로 자유도와 비선형도가 높은 저속구동비평형 시스템에서 주로 관찰된다"고 한다.

자연계의 많은 시스템들도 임계 시스템의 특징적인 행동양상을 보인다. 백은 그 이유가 해당 자연 시스템들이 자체 조직 임계성이라는 커다란 범주의 모델을 대표하는 사례들이기 때문이라고 한다. 이 주장을 뒷받침 하는 데에는 두 가지 방법이 있다. 그 중 한 가지는 특정 시스템을 설명하는 현실적인 모델을 구축 한 뒤 해당 모델이 자체 구성 임계성의 특징을 보임을 증명하는 것이다. 두 번째는 자체 조직 임계성이 다양한 모델들의 공통적인 속성임을 보이고 이들 모델이 가지고 있는 본질적인 특성을 밝히는 것이다.

환원주의로 볼 수 있는 첫 번째 방법으로는 특정 시스템의 행동 양상을 설명할 수 있다. 두 번째인 전체주의적 방법으로는 자연계에 만연한 임계성을 설명할 수 있다. 이 두 가지는 서로 추구하는 목표와 수단이 다른 모델이다. 환원주의 모델의 경우 가장 중요한 것은 사실성이고 단순성은 그 다음이다. 전체주의 모델은 그와 정 반대이다.

연습 9-6

다음의 위키피디아 엔트리들을 읽어보자. *http://en.wikipedia.org/wiki/Reductionism, http://en.wikipedia.org/wiki/Holism*

연습 9-7

1996년 네이처지에 투고한 다음의 논문에서 프레트[Frette]와 그의 동료들은 쌀 더미에 대한 실험 결과를 게재했다. *http://www.nature.com/nature/journal/v379/n6560/abs/379049a0.html.* 그들은 임계적 행동을 보이는 일부 쌀 종자가 있는 반면 그렇지 않은 종자들도 있다는 것을 발견했다.

이와 비슷하게 Pruessner와 Jensen은 Newman과 Ziff의 것과 유사한 알고리즘을 이용하여 대규모의 산불을 연구했다. 그들은 2004년에 발표한 다음의 논문 "산불 모델을 위한 효율적인 알고리즘"에서 해당 시스템에 임계성이 존재하지 않는다는 증거를 제시한다. *http://pre.aps.org/abstract/PRE/v70/i6/e066707*

그들의 연구결과는 자체 조직 임계성이 자연계에서 흔히 관찰되는 임계성을 설명한다는 백의 주장과 어떻게 대비되는가?

연습 9-8

브누아 망델브로 (Benoit Mandelbrot)의 저서 〈자연의 프랙탈 기하〉에서 자연계의 긴꼬리 분포의 만연현상에 대해 그는 '이단적인' 설명을 제시한다. 그것은 백의 주장과는 달리 임계현상을 독립적으로 생성할 수 있는 시스템은 많지 않을지도 모른다는 것이다. 오히려, 실제로 임계성을 보이는 시스템은 적으나 시스템들간의 상호작용으로 인해 이와 같은 현상이 전파되는 것일 수도 있다는 설명이다.

이 주장을 지지하기 위해 망델브로는 다음의 요소들을 지적했다.

- 관찰된 데이터의 분포는 고정된 값인 '실제 분포'와 고가변 요소인 '여과'과정의 합동 효과일 경우가 많다.
- 긴꼬리 분포는 필터링에 강건하다. 즉 '다양한 필터링을 거쳐도 그들의 점근적 특성은 바뀌지 않는다'는 뜻이다.

이 주장에 대해 어떻게 생각하는가? 이 접근방법은 환원주의인가 아니면 전체주의인가?

9.6 SOC, 인과관계 그리고 예측

주식시장 인덱스가 몇 소수점 퍼센트 정도로 변동하는 데에 굳이 설명을 달 필요는 없다. 그러나 10% 이하로 떨어지면 사람들은 그 이유를 궁금해 하기 시작한다. 그렇게 되면 TV에서 전문가라는 사람들이 나와서 다양한 설명들을 제시하기 시작하는데, 사실은 애초에 그럴싸한 설명이 불가능할 수도 있다.

주식시장의 일일 변화성은 임계성의 속성을 보이는데 주식 가격 변화의 분포는 긴꼬리 분포를 보이며 시계열에는 1/f 노이즈가 존재한다. 여기서 주식시장이 만약 자체 조직 임계 시스템이라고 한다면, 시장 변화양상으로 가끔씩 큰 변화가 나타남을 기대해 볼 수 있다.

지진의 크기의 분포 또한 긴꼬리 분포를 보이는데 이러한 지반 단층의 역학을 설명하는 단순한 모델들이 여러 가지가 있다. 그런데 이 모델들이 맞다면 그것은 큰 규모의 지진들이 특별한 존재가 아니라는 것을 의미한다. 그것들은 작은 지진보다 더 특별한 해석을 필요로 하지 않는다.

이와 비슷하게 찰스 페로(Charles Perrow)는 큰 설계된 시스템들에서 일어나는 재난들이 모래 더미 모델에서 일어나는 산사태와 비슷한 것이라고 주장한다. 대부분의 사고들은 우선 작고, 고립되어 있으며, 치명적이지 않으나 우연히 불행이 겹쳐 재난이 될 수가 있는 것이다. 대형 사고가 일어날 때는 항상 조사관들이 원인을 찾으려고 노력하지만 만약 페로의 정상 사고이론이 맞다면 사실상 원인을 규명하는 것이 불가능할 수도 있다.

이러한 결론은 결코 듣기 좋은 이야기는 아니다. 이것은 대지진이나 다른 사고들이 근본적으로 예측이 불가능하다는 것을 시사하기 때문이다. 임계시스템의 상태를 들여다보며 큰 산사태가 임박했다는 것을 알 수는 없다. 만약 시스템이 임계성을 보인다면 큰 산사태는 언제든 일어날 수 있는 것이다. 그것은 그저 다음 한줌의 모래에 달려 있을 뿐이다.

모래 더미 모델에서 큰 산사태를 일으키는 원인은 무엇일까? 철학자들은 종종 직접적인 원인인 **근인**과 실제 원인인 **궁극적 원인**을 구분짓는다. 모래더미 모델에서는 산사태의 근인은 한 줌의 모래지만 그 모래 자체는 다른 모래들과 다를 바가 없으며 추가적으로 어떠한 설명력도 제공하지 않는다. 산사태의 궁극적인 원인은 그 시스템의 구조와 역학이기 때문이다. 산사태는 그것이 시스템의 속성이기 때문에 일어날 뿐이다.

전쟁, 혁명, 전염, 발명, 테러공격 등 다양한 사회현상들은 들은 긴꼬리 분포를 가진다. 그런데 이들 현상들에서 나타나는 긴꼬리 분포가 사회 시스템들이 임계성을 지니기 때문이라고 한다면, 역사적인 사건들은 근본적으로 예측이 불가능 하며 설명 또한 불가능하다는 것을 의미한다.

연습 9-9

다음의 주소에서 위인이론에 대해 읽어보고 자기 조직 임계성이 해당 이론에 어떤 영향을 끼치는 지를 생각해보자. *http://en.wikipedia.org/wiki/Great_man_theory*

Chapter

10

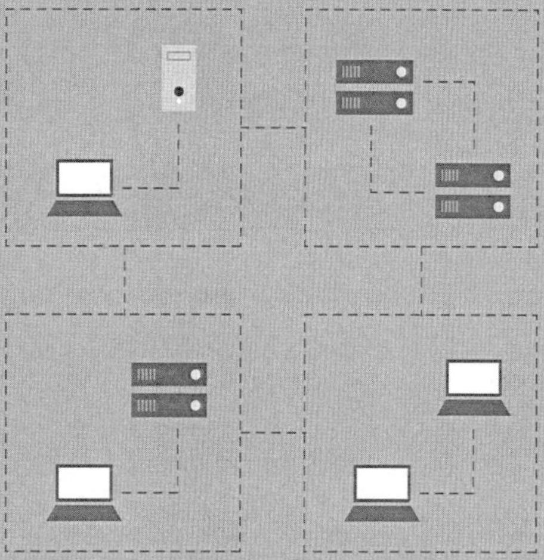

행위자 기반 모델

10.1 토머스 쉘링

1971년에 토머스 쉘링(Thomas Schelling)은 인종 간의 분리에 관한 단순한 모델을 제안한 논문 '동적 분리 모델(Dynamic Models of Segregation)'을 출판하였다. 쉘링이 생각하는 세상에 관한 모델은 그리드 형태로, 각각의 셀이 집을 나타낸다. 각 집들에는 빨간색과 파란색 두 종류의 '행위자(agent)'가 거주하고 있으며, 이들은 대략 비슷한 수를 차지한다. 약 10%의 집들은 비어있다.

어떤 시점에서, 행위자는 자신의 이웃에 있는 행위자들에 따라 행복하거나 불행할 수 있다. 각 집의 이웃 지역은 인접한 여덟 개의 셀들이다. 이 모델의 한 버전으로, 행위자들이 적어도 둘 이상의 이웃들이 자신과 인종이 같다면 행복하고, 같은 이웃이 전혀 없거나 하나이면 불행한 것이 있다.

시뮬레이션은 어떤 행위자를 무작위로 선택한 뒤 그가 행복한지를 확인하면서 진행된다. 만약 그렇다면, 아무 일도 일어나지 않는다. 그렇지 않다면, 아무도 거주하고 있지 않은 셀을 무작위로 선택하고 움직인다.

여러분은 이 모델이 어느 정도의 분리로 이어진다는 것을 들으면 놀랄지도 모르겠지만, 얼만큼이나 분리되는지 알면 제대로 놀라게 될 것이다. 꽤 빠르게, 비슷한 행위자들로 된 군집이 나타난다. 군집들은 소수의 커다란 군집이 되어, 대부분의 행위자들이 동질적인 이웃들과 함께 살게 될 때까지 더 큰 덩어리로 합쳐지게 된다.

만약 여러분이 과정을 알지 못하고 결과만 봤다면 행위자들이 인종차별주의자라고 생각할 수 있지만, 사실 그들은 혼합된 이웃들 사이에서도 아주 행복할 수 있었다. 그들이 너무 수적으로 열세이고 싶어 하지는 않기 때문에 외국인 공포증을 가졌다고 할 수는 있겠다. 당연하게도 이 행위자들은 실제 사람들을 무척 단순화한 것이므로, 이러한 설명을 적용하기에 적절하지 않을 수도 있다.

인종차별이란 복잡한 인간 문제다. 그것을 해명하는 단순한 모델을 상상하기는 쉽지 않다. 하지만 사실상 어떤 시스템과 그 부분들 사이의 관계에 대해서 강한 논거를 제시한다. 바로 여러분이 실제 도시에서 분리를 관찰하게 된다면, 개개인의 인종차별이 직접적인 원인이라거나, 그 도시에 사는 사람들이 인종차별주의자라고 결론지을 수는 없다는 사실이다.

하지만 우리는 이러한 주장의 한계 또한 알아둬야 한다. 쉘링의 모델은 인종 분리에 대한 일리 있는 원인을 설명할 뿐이지, 실제 원인에 대해 말하지는 않는다.

연습 10-1

쉘링의 모델을 그리드 위에 구현해 보자. 무작위 초기 조건으로 시작해 시스템이 어떻게 진화하는가?

분리의 정도를 측정하는 통계량을 정의해 보고, 이 통계량이 시간이 지나면서 어떻게 되는지 그래프로 그려 보자.

모델의 매개변수들을 가지고 실험해 보자. 행위자들이 너그러워지면 어떤 일이 생기는가? 행위자들이 혼합된 이웃들 사이에서만 행복하면 어떻게 되는가? 다시 말해, 자신과 유사한 이웃들이 지나치게 많을 때 불행하다면 어떻게 되는가?

연습 10-2

빌 비숍(Bill Bishop)은 최근의 저서 〈큰 분류(The Big Sort)〉에서 미국 사회가 정치적 견해에 따라 사람들이 생각이 비슷한 이웃에 살게 되면서 점점 더 분리되고 있다고 주장한다.

비숍이 가설로 삼고 있는 메커니즘은, 사람들이 쉘링의 모델의 행위자들처럼 고립되었을 때 이사하는 것이 아니라, 그들이 어떤 이유로든 이사를 할 때 자신과 비슷한 이웃이 있는 지역을 고를 확률이 더 높다는 것이다.

여러분이 구현한 쉘링의 모델을 변형해서 이러한 종류의 행동을 시뮬레이션 해보고, 그것이 동일한 정도의 분리를 만들어내는지 알아보자.

10.2 행위자 기반 모델

쉘링의 모델은 가장 오래되고 유명한 행위자 기반 모델 중 하나다. 1970년대 이후로, 행위자 기반 모델들은 경제학과 기타 사회학 그리고 자연과학에서 중요한 도구가 되었다.

행위자 기반 모델의 특징은 다음을 포함한다.

- 지능적인 행동(대개 단순한 규칙들의 집합)을 모델링하는 행위자들
- 일반적으로 공간(또는 네트워크)에 자리하고 있으면서 서로 지역적인 상호작용을 하는 행위자들
- 일반적으로 불완전한, 지역적인 정보를 가지고 있는 행위자들
- 대개의 경우 나타나는, 행위자들 간의 변동성
- 대개의 경우 나타나는, 행위자들 사이에 또는 세상에 작용하는 무작위적인 요소들

행위자 기반 모델들은 균형 상태에 진입해 있지 않은 시스템의 역학을 모델링하는 데 유용하다(비록 이 모델들이 균형 상태를 연구하는 데 사용되긴 하지만). 특히 행위자 기반 모델은 개개인의 선택들과 시스템의 행동 사이의 관계, 또는 쉘링의 책 제목처럼 〈미시동기(Micromotive)와 거시행동(Macrobehavior)〉을 이해하는 데 유용하다.

행위자 기반 모델에 대해 더 알아보려면 *http://en.wikipedia.org/wiki/Agent-based_model*를 참고하자.

10.3 교통 체증

무엇이 교통 체증을 유발하나? 사고, 속도 위반 단속, 또는 교통의 흐름을 방해하는 어떤 것처럼 분명한 이유도 있다. 그러나 다른 경우, 교통 체증은 눈에 띄는 이유 없이 생겨나곤 한다.

행위자 기반 모델들은 저절로 일어나는 교통 체증을 설명하는 것을 도울 수 있다. 그 예시로 나는 레스닉(Resnick)의 〈거북이, 흰개미 그리고 교통 체증(Turtles, Termites, and Traffic Jams)〉이라는 책에 나온 모델에 기반한 단순한 고속도로 시뮬레이션을 구현해봤다.

내 프로그램은 *http://thinkcomplex.com/Highway.py*에서 받을 수 있다. Swampy의 일부인 `TurtleWorld`를 사용한다. *http://thinkpython.com/swampy*를 참고하자.

이 모듈은 클래스를 두 개 정의한다. `TurtleWorld`에서 상속받는 `Highway`(고속도로)와 `Turtle`에서 상속받는 `Driver`(운전자)다.

`Highway`는 원을 형성하는 일차선 도로이지만, 캔버스를 나선형으로 내려가는 행들의 연속으로 표현된다. 각각의 `Driver`는 무작위 위치와 속도로 시작한다. 매 시간 단계마다, `Driver`는 앞에 있는 `Driver`와의 거리에 따라 가속하거나 브레이크를 밟게 된다. 예시를 보자.

```
def choose_acceleration(self, dist):
        if dist < self.safe_distance:
            return -1
        else:
            return 0.3
```

만약 거리가 너무 짧다면, `Driver`는 브레이크를 밟는다. 그렇지 않다면 가속한다. 이에 추가로, 만약 현재 속도가 충돌을 일으킬 것 같다면 `Driver`는 완전히 정지한다. 또한 각 운전자들에겐 속도 제한이 있다.

`Highway.py`를 실행하면 교통 체증을 보게 될 텐데, 자연스럽게 떠오르는 의문은 "왜?"이다. `Highway`나 `Driver`의 행동 중 확실하게 교통 체증을 유발하는 것은 없기 때문이다.

⌛ 연습 10-3

시스템의 매개변수들을 가지고 실험해 보면서 교통 체증을 유발하는 데 필요하거나 충분한 요인들을 판별해 보자. 실험해 볼 요인들을 몇 개 예시로 주자면 다음과 같다.

밀도

운전자들의 수(또는 고속도로의 길이)가 증가하면 어떻게 되나?

가속과 브레이크

운전자가 더 빠르게 가속하거나 더 부드럽게 제동을 하면 어떻게 되는가?

안전 거리

운전자들 사이의 안전 거리가 변화하면 어떻게 되는가?

이질성

모든 운전자들이 동일하지 않으면 어떨까? 이를테면, 개인의 속도 제한이나 안전 거리가 다르다면?

10.4 보이드

1987년에 크레이그 레이놀즈(Craig Reynolds)는 행위자 기반의 무리 행동을 묘사하는 "새 떼, 동물 떼, 물고기 떼: 분포된 행동 모델(Flocks, herds, and schools: A distributed behavioral model)"을 출판했다. 그의 논문은 *http://www.red3d.com/cwr/papers/1987/ boids.html*에서 다운로드할 수 있다.

여기서 행위자들은 '보이드(boid)'라고 불리는데, 이는 '새를 닮은(bird-oid)'의 축약형이자 새를 뜻하는 'bird'의 악센트가 들어간 발음이다(보이드는 물고기나 떼지어 다니는 육지 동물을 모델링하는데 사용되기도 하지만 말이다). 각 행위자는 행동 세 가지를 시뮬레이션한다.

○ 충돌 방지

다른 새를 비롯한 장애물을 피한다.

○ 떼의 중심으로 향하기

떼의 중심으로 움직인다.

○ 속도 일치

이웃 새들과 속도를 맞춘다.

보이드들은 지역적인 정보만을 가지고 결정을 내린다. 각 보이드는 자신의 시력이 닿는 범위까지 만을 본다.

VPython이라고도 알려진 `Visual` 패키지는 보이드를 구현하는 데 적합하다. 간단한 3D 그래픽을 비롯해 벡터 객체와 계산에 유용한 연산들을 제공한다.

내가 구현한 버전은 *http://thinkcomplex.com/Boids.py*에서 받을 수 있다. 이 프로그램은 플레이크(Flake)의 저서 〈자연의 계산학적인 아름다움(The Computational Beauty of Nature)〉에서 설명된 보이드에 기초하고 있다.

이 프로그램은 두 클래스를 정의한다. 보이드 알고리즘을 구현한 Boid 그리고 보이드 리스트와 보이드들을 끌어당기는 '당근'을 포함하는 World다.

보이드 알고리즘은 get_neighbors를 사용해서 시야에 들어온 다른 보이드들을 찾는다.

```
def get_neighbors(self, others, radius, angle):
        boids = []
        for other in others:
            if other is self:
                continue

            offset = other.pos - self.pos

            # 범위 안에 없으면 건너뛴다
            if offset.mag > radius:
                continue

            # 시야각 안에 없으면 건너뛴다
            if self.vel.diff_angle(offset) > angle:
                continue

            # 그렇지 않으면 리스트에 추가한다
            boids.append(other)

        return boids
```

get_neighbors는 self와 other에 벡터 뺄셈을 사용해서 벡터를 계산한다. 이 벡터의 크기는 다른 보이드와의 거리가 된다. diff_angle은 시선이 향하는 방향이기도 한 self의 속도와 다른 보이드 사이의 각도를 계산한다.

center는 시야에 들어온 보이드들의 무게중심을 찾고 그곳을 향하는 벡터를 반환한다.

```
def center(self, others):
        close = self.get_neighbors(others, r_center, a_center)
        t = [other.pos for other in close]
        if t:
            center = sum(t)/len(t)
            toward = vector(center - self.pos)
            return limit_vector(toward)
        else:
            return null_vector
```

마찬가지로, avoid는 범위에 있는 어떤 장애물이든 무게중심을 찾아서 그곳으로부터 멀어지는 방향의 벡터를 반환하며, copy는 현재 향하는 곳과 이웃들이 향하는 곳의 평균 사이의 차이를 반환한다. 그리고 love는 당근의 방향을 계산한다.

set_goal은 계량한 목표들의 합을 계산하고, 전체적인 목표를 설정한다.

```
def set_goal(self, boids, carrot):
        self.goal = (w_avoid * self.avoid(boids, carrot) +
                     w_center * self.center(boids) +
                     w_copy * self.copy(boids) +
                     w_love * self.love(carrot))
```

마지막으로, move는 보이드의 속도, 위치 그리고 크기를 업데이트한다.

```
def move(self, mu=0.1):
        self.vel = (1-mu) * self.vel + mu * self.goal
        self.vel.mag = 1

        self.pos += dt * self.vel
        self.axis = b_length * self.vel.norm()
```

새로운 속도는 이전 속도와 목표의 가중치 합계다. 매개변수 mu는 보이드들이 얼마나 빨리 속도와 방향을 바꾸는지를 결정한다. 시간 단계인 dt는 얼마나 멀리 보이드가 움직이는지를 결정한다.

새 떼의 행동에 영향을 미치는 매개변수들은 행동 별 범위, 각도, 가중치나, 기동성인 mu 등 여러 가지가 있다.

이러한 매개변수들은 보이드의 무리를 형성하고 유지하는 능력, 움직임의 패턴과 떼의 조직에 영향을 미친다. 어떤 설정 하에서는 이러한 보이드들이 새 무리와 유사한 모습을 보이며, 다른 세팅에서는 물고기 떼나 곤충 떼 같은 모습을 보인다.

연습 10-4

필자가 구현한 보이드 알고리즘을 실행하고, 매개변수를 바꿔가며 실험해 보자. 여러분이 가중치를 0으로 줘서 특정 행동을 '끈다면' 어떤 일이 일어나는가?

새와 더욱 유사한 행동을 생성하기 위해서, 플레이크(Flake)는 선명한 시야를 유지하도록 네 번째 행동을 추가하기를 권했다. 달리 말하면, 만약 또 다른 보이드가 바로 앞에 있으면 비스듬히 움직여 간다는 것이다. 이 규칙이 새 떼의 행동에 어떠한 영향을 미칠까? 구현하고 관찰해 보자.

10.5 죄수의 딜레마

죄수의 딜레마는 게임 이론에서 나오는 주제인데, 여러분이 생각하는 재미있는 게임은 아니다. 인간의 동기와 행동을 이해하고자 하는 게임의 종류다.

*http://en.wikipedia.org/wiki/Prisoner's_dilemma*에서 가져온 죄수의 딜레마에 대한 설명이다.

> 두 명의 용의자 [앨리스와 밥]이 경찰에게 체포되었다. 경찰은 유죄 선고를 하기에는 부족한 정보를 가지고 있고, 두 용의자를 분리해 두고 각각 방문하여 동일한 제안을 한다. 만약 한 명이 상대방에 대해 불리한 증언을 하고(배신) 다른 한 명이 침묵을 지킨다면(협력), 배신자가 풀려나고 침묵을 지킨 공범은 제대로 1년형을 받는다. 만약 둘 다 침묵을 지킨다면, 두 죄수들은 경범죄로 기소되어 한 달의 형을 선고받는다. 만약 서로를 배신하면, 각자 세 달의 형을 받는다. 각 죄수는 상대방을 배신할 것인지 입을 다물 것인지를 결정해야 한다. 그들은 취조가 끝날 때까지 상대방이 자신의 배신을 알지 못할 것이라는 확약을 받는다. 죄수들은 어떻게 행동할까?

이 맥락에서 '협력'이란 침묵을 지키는 것이지, 경찰에게 협력하는 것이 아니라는 점을 짚고 넘어가자.

참가자들이 서로 협력해야 한다고 말하고 싶을 것이다. 그래야 둘 다 더 나아지니까. 하지만 두 참가자들은 상대방이 어떻게 행동할지를 모른다. 밥의 시점에서 이를 바라보면:

- 만약 앨리스가 침묵을 지키면, 밥은 배신하는 것이 낫다.
- 만약 앨리스가 배신을 하면, 밥은 배신하는 것이 낫다.

어떻게 되든 밥은 배신하는 것이 나은 선택지다. 앨리스의 입장에서, 앨리스도 동일한 결론에 이른다. 그래서 만약 양쪽 참가자들이 계산을 끝내고 나서, 다른 어떤 요인도 고려되지 않는다면, 그들이 서로 배신하고 최악의 결과를 낳게 될 것이라 생각할 수 있다.

이 결과가 우릴 슬프게 하는 이유는 이것이 바로 좋은 의도가 나쁜 결과로 이어지는 예시이며, 불행히도 가상의 죄수들뿐만 아니라 실제 여러 시나리오에도 적용되기 때문이다.

하지만 실제 시나리오들에서 게임은 종종 반복된다. 다시 말해, 동일한 참가자들이 자꾸 마주치게 되어 배우고, 반응하고, 소통할 기회가 (적어도 암암리에는) 생긴다. 반복이 들어간 버전의 게임은 이처럼 쉽게 분석이 불가능하다. 최적의 전략이 무엇인지, 그것이 존재하기는 하는지조차 분명하지 않다.

그래서 1970년대 후반에, 로버트 액설로드(Robert Axelrod)는 전략을 비교하기 위한 토너먼트를 조직했다. 그는 참여자들을 모집해서 컴퓨터 프로그램의 형태로 전략을 제출하게 하고, 프로그램들끼리 게임을 진행시켜 점수를 매겼다.

나는 여러분에게 결과를 알려주지 않을 것이다. 그리고 여러분이 결과를 모른다면, 찾아보고자 하는 유혹을 떨쳐냈으면 한다. 대신 여러분 스스로 토너먼트를 해 보기를 추천한다. 심판은 내가 제공할테니, 여러분이 참가자들을 가져오면 된다.

연습 10-5

토너먼트를 실행하는 파일 *http://thinkcomplex.com/Referee.py*와, 단순한 전략을 구현하는 *http://thinkcomplex.com/PlayerFlipper.py*를 다운로드하자.

PlayerFilpper에서 발췌한 코드는 다음과 같다.

```
def move(history):
    mine, theirs = history
    if len(mine) % 2 == 0:
        return 'C'
    else:
    return 'D'
```

Player*.py에 일치하는 파일은 모두 참가자로 인식된다. 참가자 파일에는 move의 정의가 포함되어 있어야 하며, move는 여태까지의 경기 기록들을 받아서 배신일 경우 'D', 협력일 경우 'C'가 담긴 문자열을 반환하는 역할을 한다.

history는 리스트 쌍이다. 첫 번째 리스트에는 참가자의 과거 반응들이 순서대로 담겨있으며, 두 번째 리스트에는 상대방의 반응이 담겨있다.

PlayerFlipper는 이전 회차들이 짝수인지 홀수인지를 확인하고 각각 'C'와 'D'를 반환한다.

`PlayerFlipper.py` 파일에 들어있는 것 같은 **`move`** 함수를 작성하되, 'Flipper'를 여러분의 전략을 요약하는 다른 이름으로 대체해서 작성해 보자.

`Referee.py`를 실행하고 여러분의 전략이 어떤 결과가 나오는지 살펴보자.

여러분 스스로 만든 토너먼트를 실행한 다음엔, 액설로드의 토너먼트의 결과는 그의 책, 〈협력의 진화(The Evolution of Cooperation)〉에서 읽을 수 있다.

10.6 창발성

이 책에 있는 예시들엔 공통점이 있다. 창발성이라는 것이다. **창발적 특성**(emergent property)은 구성요소들의 특성에서 나오는 것이 아닌, 그들이 상호작용한 결과로부터 나오는 시스템의 특성이다.

창발성이 무엇인지를 명확히 하기 위해서, 창발성이 무엇이 아닌지를 우선 생각해보는 것이 도움이 된다. 예를 들어 벽돌 담이 단단한 이유는 벽돌과 회반죽이 단단하기 때문으로, 창발적 특성이 아니다. 또 다른 예시로, 유연한 요소로 만들어진 일부 단단한 구조들이 있는데 이것은 일종의 창발성으로 보인다. 하지만 창발성이라기엔 약한 종류로, 구조적 특성은 잘 알려진 역학 법칙이기 때문이다.

창발적 특징들은 아주 놀랍다. 우리가 규칙을 안다고 하더라도, 시스템의 행동을 예측할 수가 없기 때문이다. 그러한 어려움이 우연히 발생하지는 않는다. 어쩌면 그것이 창발성의 특성을 정의하는 것일지도 모른다.

울프람이 〈새로운 종류의 과학〉에서 이야기하듯이, 전통적 과학은 시스템을 지배하는 규칙들을 안다면, 행동을 예측할 수 있다는 공리에 기반하고 있다. 우리가 '법칙'이라 부르는 것들은 대개 시스템을 만들거나 관찰하지 않고서도 결과를 예측할 수 있게 해주는 계산적 지름길일 때가 많다.

하지만 많은 셀룰러 오토마타들은 **계산적으로 더 이상 단순화시킬 수 없다** (computationally irreducible). 다시 말해, 지름길이 없다. 결과를 알아내는 유일한 방법은 시스템을 구현하는 것뿐이다.

복잡계에 대해서도 일반적으로 동일하게 말할 수 있다. 몇 개 수준의 요소가 아닌, 그 이상으로 구성된 물리계에서는 보통 분석적 해를 산출할 수 있는 모델이 없는 경우가 많다. 수치적 방법론들은 일종의 계산적 지름길을 제공하지만, 여전히 질적인 차이가 존재한다. 분석적 해들은 예측을 위해 상수 시간인, 즉 계산의 실행시간이 예측의 시간 척도인 t에 영향을 받지 않는 알고리즘을 내곤 한다. 하지만 수치적 방법론, 시뮬레이션, 아날로그식 계산, 그 외 유사한 방법들은 t에 비례한 시간이 든다. 추가적으로, t가 특정 지점을 넘어서면 신뢰할 수 있는 예측을 전혀 할 수 없는 t의 경계가 있는 시스템들도 많다.

이러한 관찰들은 창발적 특성들이 근본적으로 예측 불가능하며, 특히 복잡계에선 계산적 지름길이라는 형태의 자연 법칙을 찾기를 기대하지 말아야 한다는 사실을 알려준다.

어떤 사람들에게 있어서 '창발성'이란 무지의 또 다른 이름으로 받아들여지기도 한다. 이 짐작에 따르면 어떤 특성이 창발적인 것은 우리가 환원주의적인 설명을 찾지 못했기 때문으로, 미래에 더 잘 이해하게 되면 더 이상 창발적이지 않을 것이다.

창발적 특성이란 논쟁거리가 되기 때문에, 회의적인 입장을 취하는 것도 적절하다. 우리가 창발적인 특성을 보게 되더라도, 절대 그것을 해명할 환원주의적 설명이 없을 것이라고 섣불리 단정지어선 안 된다. 하지만 꼭 그런 설명이 있을 거라고 가정해서도 안 된다. 이 책에 담긴 예시들과 계산 등가의 원리는 여러분이 적어도 일부 창발적 특징들은 절대로 고전 환원주의 모델로 설명할 수 없다는 사실을 믿어야 할 이유를 준다.

창발성에 대해서는 *http://en.wikipedia.org/wiki/Emergence*에서 더 알아보자.

10.7 자유의지

많은 복잡계는 그들의 구성 요소가 가지고 있지 않은, 전체로서의 특성을 가지고 있다.

- 셀룰러 오토마타 규칙 30번은 결정론적이며, 그것의 진화를 이끄는 규칙들은 완벽하게 알려져 있다. 그럼에도 불구하고 30번 규칙은 통계적으로 무작위와 구분이 불가능한 배열을 만들어낸다.
- 쉘링의 모델에 나오는 행위자들은 인종차별주의를 가지고 있지 않지만, 그들의 상호작용 결과는 인종차별주의자처럼 보이는 결과를 낳는다.
- 차들이 앞으로 움직이고 있더라도 교통 체증은 뒤로 움직여간다.
- 새 떼와 동물 무리의 행동은 그들의 구성원들 사이의 지역적 상호작용에서 창발한다.
- 액설로드가 반복적 죄수의 딜레마에 대해서 이야기하듯, "협력의 창발성은 개인들이 자신의 이익을 좇는 결과로 설명할 수 있다."

이러한 예시들은 의식과 자유의지 같은, 몇몇 오래되고 어려운 문제들에 대한 접근을 시사한다.

자유의지란 선택을 할 능력을 말하지만, 만약 우리의 몸과 뇌가 결정론적 물리 법칙에 의해 지배된다면 우리의 행동은 결정될 것이다. 자유의지에 관한 논쟁은 셀 수 없이 많다. 나는 두 개만 언급하겠다.

- 윌리엄 제임스(William James)는 가능한 행동들이 무작위적 프로세스에 의해 생성되고, 그 뒤 결정적 프로세스에 의해 선택된다는 2단계 모델을 제안했다. 이런 경우 우리의 행동들은 그것을 생성하는 프로세스 자체에 무작위적 요소가 포함되기 때문에 근본적으로 예측이 불가능하다.
- 데이비드 흄(David Hume)은 우리가 선택을 한다는 인식이 환상이라고 보았다. 이런 경우, 우리의 행동들은 그것을 만들어내는 시스템이 결정론적이기 때문에 마찬가지로 결정론적이게 된다.

이러한 주장들은 서로 반대의 방향으로 갈등을 조화롭게 만들지만, 갈등이 있다는 것에는 피차 동의한다. 바로 시스템은 그것을 이루는 부분들이 결정론적이라면 자유의지를 가질 수 없다는 점이다.

이 책에서 다루는 복잡계들은 선택권과 판단이라는 수준에서의 자유의지가, 뉴런의 수준(또는 더 낮은 수준)에서 결정론과 양립할 수 있다는 대안을 제시한다. 차는 앞으로 가는데 교통 체증이 뒤로 움직여가는 것과 동일한 방식으로, 뉴런에게 자유의지가 없어도 사람에게는 있을 수 있는 것이다.

연습 10-6

*http://en.wikipedia.org/wiki/Free_will*에서 자유의지에 대해 더 읽어보자. 자유의지가 결정론과 호환된다는 입장은 **양립가능론** (compatibilism)이라고 부른다. 양립가능론이 받는 가장 큰 도전은 결과 논증이다.

결과 논증이란 무엇일까? 여러분이 이 책에서 읽은 것을 통해 결과 논증에 대해 어떻게 대응할 수 있을까?

연습 10-7

심리철학에서, **강한 인공 지능** (Strong AI)이란 적절하게 프로그램된 컴퓨터는 사람이 마음을 가지고 있다는 것과 같은 의미로, 마음을 가지고 있을 수 있다는 입장이다. 존 설 (John Searle)은 강한 인공 지능이 틀렸다는 것을 보여주기 위해 중국어 방이라는 사고실험을 보여줬다. *http://en.wikipedia.org/wiki/Chinese_room*에서 읽어볼 수 있다.

중국어 방 주장에 대한 **시스템 답신** (Systems Reply)은 어떤 주장인가? 여태까지 여러분이 배운 복잡성 과학의 내용들이, 시스템 대답에 대한 여러분의 반응에 어떤 영향을 주는가?

Chapter

11

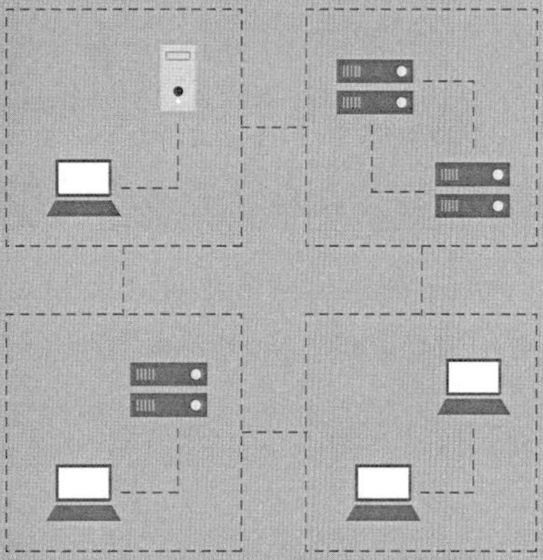

슈거스케이프 모델

댄 키어니(Dan Kearney), 나탈리 매티슨(Natalie Mattison), 테오 톰슨(Theo Thompson)

11.1 원조 슈거스케이프

슈거스케이프 모델은 조슈아 M. 엡스타인(Joshua M. Epstein)과 로버트 액스텔(Robert Axtell)이 재화 분배의 경제학을 연구하고자 만들었던 행위자 기반 모델이다. 그들은 〈인공 사회 키우기(Growing Artificial Societies)〉라는 자신들의 책에서 이 모델을 최초로 제시하였다.

여기서 슈거스케이프란 각 셀이 특정량의 추상적인 재화인 '설탕'을 가지는 2차원의 가상 격자이다. 행위자들은 그리드 위를 돌아다니면서 설탕을 축적한다.

최대한 간소화된 슈거스케이프 모델에서 각 행위자들은 설탕 보존량, 설탕을 소비하는 대사기관 그리고 주변 셀을 관찰할 수 있는 가시거리의 속성들을 가지고 있다. 각 시간 단계에서 행위자들은 주변의 셀들을 관찰한 뒤 가장 설탕이 많은 셀로 이동한다. 이러한 규칙들은 번식, 죽음, 질병, 부채 그리고 전쟁 등의 다양한 개념들로 확장될 수 있다. 예를 들어 시스템에서 병든 행위자가 주변의 건강한 행위자들을 전염시킬 수 있도록 하여 질병의 개념을 도입시키는 방식이다.

그 단순성에도 불구하고 이 모델은 실제 세계와 닮아있는 결과물을 만들어낸다. 슈거스케이프를 이용해 부(富)를 모델링해보면 일부 행위자들이 나머지 행위자들보다 압도적으로 부유한 긴꼬리 분포가 그려진다. 실제 경제에서도 이와 비슷하게 적은 인구의 구성원들이 부의 큰 부분을 점유하는 양상이 나타난다. 일반적으로 극단적인 부의 불평등은 일부 사람들이 주체할 수 없을 정도로 부를 축적하는 반면 수많은 사람들이 간신히 생존하고 있는 상황이라는 점에서 사회적인 문제로 받아들여진다.

11.2 점거 운동(Occupy Movement)

부의 불평등은 비교적 최근에 진행된 사회운동 중 하나인 점거 운동(Occupy Movement)의 촉발에도 일조했다. 최초의 의미있는 점거 운동은 뉴욕시의 월스트리트에서 수천명의 시위자들이 부의 불평등과 더불어 다른 상실감 등에 유감을 표한 시위였다. 이 점거 운동의 모토는 "우리가 99%다"로, 이는 정치인들에게 국가 부의 1/3 이상을 조종하는 1%가 아니라 절대다수를 위해 봉사할 것을 요구하는 내용이다. 이 운동의 주요 목표 중 하나는 더 강력한 누진세를 추진하여 수입의 좀 더 평등한 분배를 달성하는 것이다. 과세의 효과 중 하나는 부자들로부터 가난한 자들로 부를 이전하는 것이니 말이다. 그러나 재정 보수주의자들 및 점거 운동 반대파의 입장에 있는 사람들은 부자들에게 높은 세율을 적용하는 것이 전체 인구에게 피해를 준다고 주장한다. 그들의 논리는 부자들은 과세제도가 없이도 이미 가난한 사람들을 고용하는 것으로 부를 재분배하고 있다는 것이다.

11.3 슈거스케이프 모델에 대한 새로운 접근

우리는 과세적용이 사회집단의 부에 주는 영향을 알아보기 위해 슈거스케이프 모델을 구현한다. 또한 우리는 세금의 극단적인 과소 또는 과다징수가 사회집단과 그에 소속된 각각의 행위자들에게 어떻게 영향을 줄 수 있는지를 알아보는 것을 목표로 한다. 이 모델에서는 모든 행위자에게 같은 세율이 적용되며(예를 들어 일률적으로 총 자산의 10%에 대해 세금을 매기는 것과 같은 방식으로) 조성된 기금은 모든 행위자들에 균등하게 재분배되는 비례세율의 시스템을 적용해본다. 최종적으로 경제체제를 망가뜨리지 않으면서 빈부격차를 줄이는 것을 목표로 원형의 모델을 확장한다.

11.4 Pygame

슈거스케이프 모델을 구현함에 있어 격자에서 일어나는 일을 한눈에 보고자 GUI를 만들었다. 슈거스케이프의 시각화는 파이썬 모듈인 Pygame을 통해 이루어졌다. Pygame은 비트 블록 전송(*http://en.wikipedia.org/wiki/Bit_blit* 참고)을 통해 이미지를 화면에 송출할 수 있으며 마우스나 키보드 입력을 핸들링하는 메소드들을 내장하고 있어 게임이나 입력량이 많은 기타 프로그램들을 개발하는데 최적화되어 있다.

아래에는 GUI에 각 시간 단계마다 셀들을 그리게 하는 이벤트 루프를 나타낸 코드를 요약해 놓았다. `Sugarscape.nextstep` 메소드는 모든 행위자들을 한 시간 단계씩 진행시키며 나머지 코드 부분에서는 갱신된 내용을 다시 그린다. 전체 격자를 다시 그리는 것은 현존하는 사각형 오브젝트들을 변형시키는 것보다 약간 비효율적이나 Pygame에서는 일반적으로 이와 같이 진행된다. 각 좌표에 대해 사각형을 그린 다음 해당 셀의 잔존 설탕량에 따라 사각형의 색상을 바꾼다. 행위자들은 자신이 있는 격자의 위에 동그라미로 표시된다.

```
def event_loop(self,sugarscape):
    while True:
        sugarscape.nextstep()
        for i in range(sugarscape.length):
            for j in range(sugarscape.width):
                loc = sugarscape.get_location(i,j)
                health_color = (0, 0, loc.get_sugar_amt()/loc.get_max_sugar())
                pygame.draw.rect(self.window, healthColor,(12*i,12*j,10,10))
        pygame.display.update()
```

사용자들은 격자 아래에 존재하는 슬라이더들을 조작함으로써 슈거스케이프의 속성들을 조절할 수 있다. `matplotlib` 라이브러리를 사용하여 구현된 히스토그램으로 현재 부의 분포를 볼 수 있도록 했고 텍스트 영역에는 분포의 특성들을 표시했다.

11.5 과세와 두고 떠나기(Taxation and Leave Behind)

우리의 구현물에서 과세는 정부라는 이름의 객체를 통해 이루어졌다. 시간 단계가 10개씩 지날 때마다, 정부 객체는 각 행위자들의 설탕 보존량에서 일부를 세금으로 징수해간 뒤, 수거된 설탕의 총량을 각 행위자들에게 균등하게 나누어준다. 설탕의 이전행위는 정부에서 수행하는 공공 사업이나 명시적인 부의 재분배 활동 등을 표현한다.

만약 점거 운동 반대자들의 주장이 맞다면, 부자들로부터 가난한 자들로의 부의 이전이 사회 전체의 생산성을 떨어뜨릴 것이다. 그들의 이론에 따르면 부자들은 공장을 열고, 연구를 지원하는 등 경제에 전반적인 투자를 할 수 있기 때문에 가난한 사람들보다 부를 더 많이 생산할 수 있는 것이다.

이 효과를 모방하기 위해 우리는 모델에 부의 생산이라는 메커니즘을 추가할 필요가 있었다. 우리는 행위자들이 장소를 이동할 때 해당 장소에 설탕을 일부 남겨두고 떠나는 단순한 '두고 떠나기' 기능을 고안하여 적용하였다.

$$leave\_behind = \frac{1}{5}\left(\frac{wealth \times N}{total\_wealth}\right)^{1.1}$$

이 수식에서 N은 행위자 수의 합계이며 $wealth$는 각 행위자가 가지고 있는 설탕의 양이고, $total_wealth$는 모든 행위자들이 가지고 있는 설탕의 총합이다. 다른 행위자들보다 더 많은 설탕을 가지고 있는 행위자들은 더 많은 양의 설탕을 남기게 되어 슈거스케이프에 투자를 하고 결국 부의 총량을 늘리게 된다.

11.6 지니 계수

과세가 부의 분배에 끼치는 영향을 비교하기 위해서는 빈부격차를 판단하는 기준이 필요하다. 우리는 경제학에서 빈부격차를 계산하는데 자주 쓰이는 지니 계수를 사용한다. 다음을 참고하자(*http://en.wikipedia.org/wiki/Gini_coefficient*). 지니 계수는 0과 1사이의 값을 가지는데 0은 완벽히 균일한 분포를 의미하며 1은 완전한불평등을 의미한다.

그림 11-1은 과세 체계가 적용되지 않은 상태에서의 부의 분배를 나타내는 히스토그램이다.과세가 적용되지 않은 상태에서는 초기 설정을 어떻게 하든지 대부분의 경우 부의 분포가 오른쪽으로 뻗어나가는 긴꼬리 형태로 재빨리 변화한다. 특히 행위자들이 많거나 설탕의 재생율이 낮은 설정에서 행위자들은 빠르게 죽어나간다. 있는 자와 없는 자의 구분은 확실하나 중간층을 점유하는 행위자들은 그 수가 많지 않다. 이는 과세가 존재하지 않는 실제 사회에서 중산층이 많이 존재하지 않는 현실과 일치하는 현상이다.

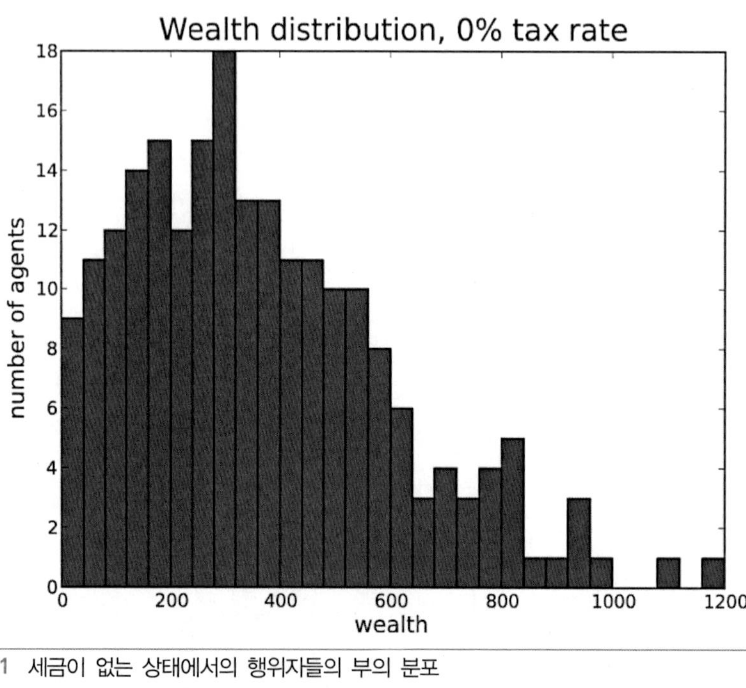

그림 11-1 세금이 없는 상태에서의 행위자들의 부의 분포

11.7 과세의 결과

그림 11-2는 비교적 높은 세율의 효과를 나타낸다. 행위자들은 비슷한 수준의 설탕을 가지며 지니계수는 0.02로 아주 낮은 편이다.

그림 11-3은 세율이 높을수록 지니 계수가 낮아지는 것을 보여준다. 과세 시스템 자체가 부의 분배를 목적으로 한다는 점에서 이는 타당한 결과이다.

이 모델에서는 완전한 평등을 위해서는 비용이 든다. 세금이 없는 상태에서는 사회의 부의 총량이 358이었지만, 세율을 20%로 올리자 부의 총량이 157로 감소했다. 그림 11-4는 세율과 세율이 올라갈수록 줄어드는 부의 총량간의 관계를 보여준다.

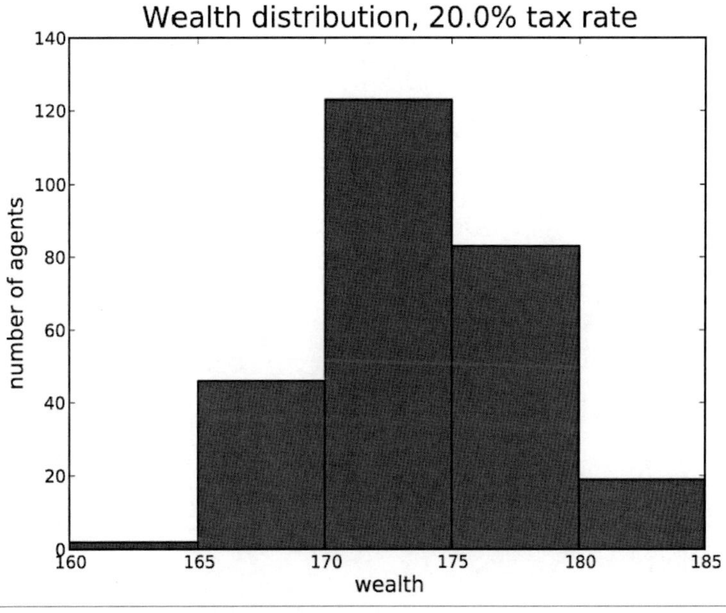

그림 11-2 세금이 존재하는 시스템에서의 부의 분포

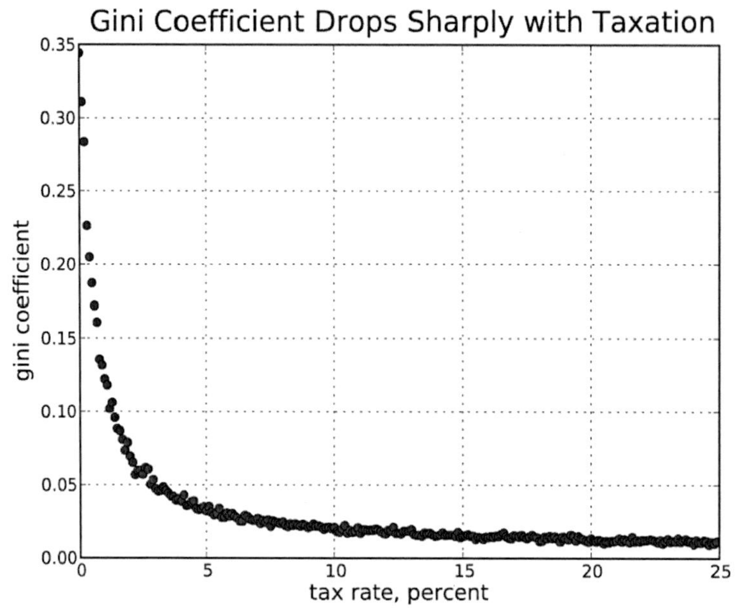

그림 11-3 지니 계수와 세율의 관계

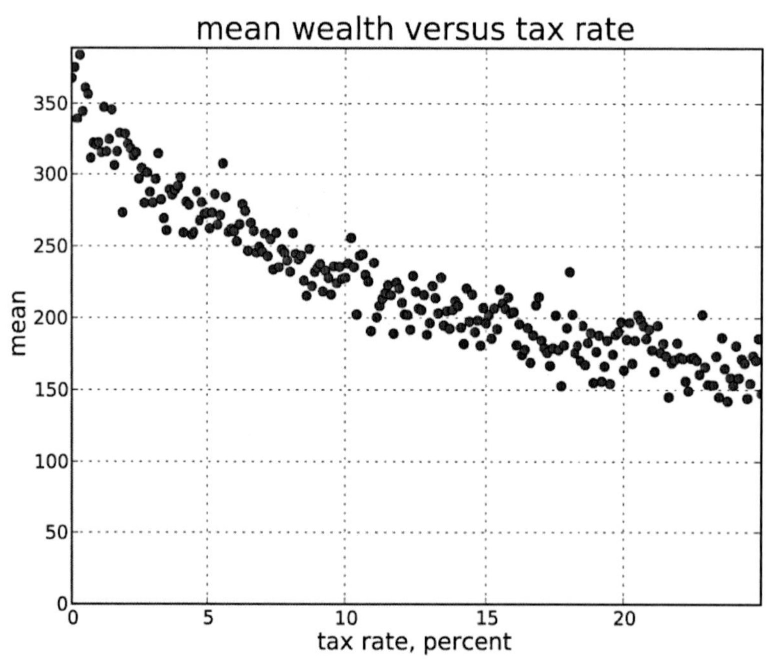

그림 11-4 부의 총량과 세율의 관계

11.8 결론

부의 이상적인 분배를 어떻게 결정하느냐는 각 사회에 달려있다. 우리 모델에서는 사회 전체의 부를 최대화하는 것과 불평등을 최소화하는 것이 서로 상충되는 것으로 나타났다.

이 딜레마를 해결하는 한 가지 방법은 하위 25%의 부를 극대화하는 것이다. 그림 11-5는 다양한 세율에 따라 변화하는 소득수준 하위 25%의 평균 재산을 나타낸다. 이 경우 최적의 세율은 4% 선으로 나타났다. 이보다 더 낮은 세율에서는 사회 전체의 부는 늘어났지만 가난한 사람들에게 그것이 돌아가지 않았고, 이보다 더 높은 세율에서는 더 작은 파이에 대한 더 큰 부분이 가난한 사람들에게 돌아갔다.

물론, 이러한 결과는 생산성 함수와 같은 슈거스케이프의 세부 설정에 따라 달라진다. 그러나 이러한 간단한 모델로도 부의 생산과 과세 그리고 불평등간의 관계를 알아볼 수 있다는 점은 괄목할만하다.

연습 11-1

우리의 슈거스케이프 구현물에 대한 정답코드는 다음의 주소에서 받을 수 있다. *http://thinkcomplex.com/Sugarscape.zip*. `Gui.py` 파일을 실행하는 것으로 프로그램을 사용해 볼 수 있다. 격자의 아래에 위치한 슬라이더들을 조작하는 것으로 매개변수들을 조절할 수 있다. 이 매개변수값들을 조절해가면서 이것이 부의 분포에 어떠한 영향을 미치는 지를 알아보자.

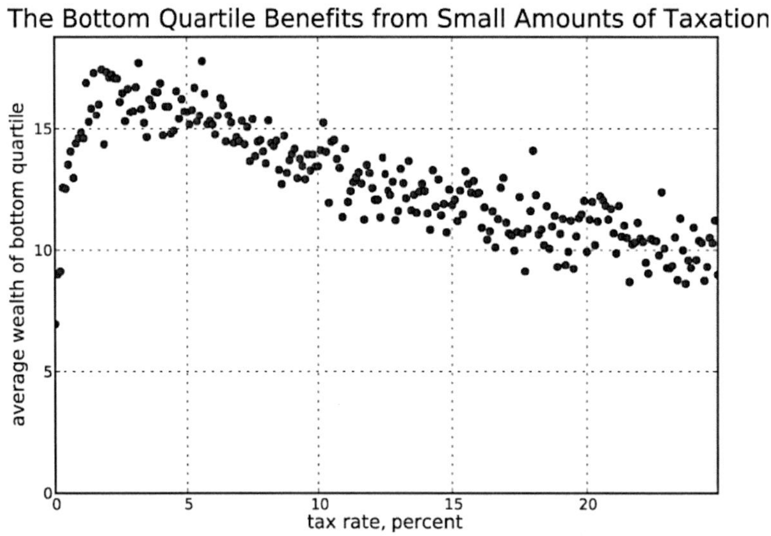

그림 11-5 하위 25%의 값 대비 세율. 세율이 4%일 때 하위 25%의 평균적인 부가 최대화된다.

Chapter

12

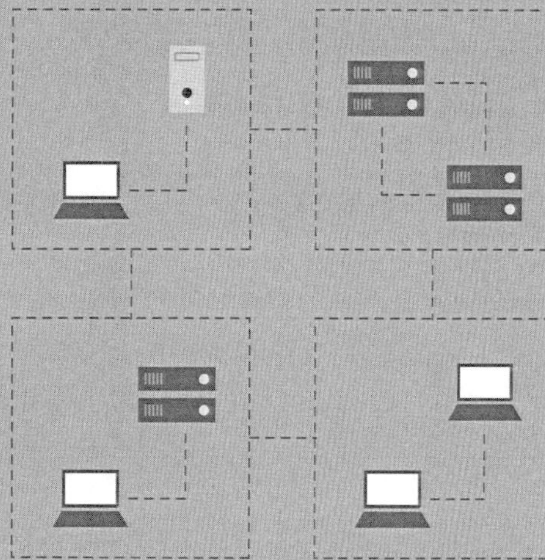

케이스 스터디: 개미 흔적

클로이 빌레인(Chloe Vilain), 앤드류 피클러(Andrew Pikler)

12.1 소개

개미들은 자연에서 떼를 지어 먹을 것을 찾아다닌다. 그들은 페로몬의 밀도를 기초로 집에서부터의 경로를 선택하며, 페로몬의 집중도가 높은 경로를 선호한다. 개인들이 먹이를 찾은 뒤 페로몬 흔적을 남겨서 군집의 다른 구성원들이 수동적으로 먹이의 원천으로 따라갈 수 있도록 해주는 것이다. 먹이로 향하는 경로들의 페로몬 밀도가 더 높기 때문에, 더더욱 많은 개미들이 성공적인 경로를 찾을 수 있다. 그 결과로, 개미 흔적들은 시간이 지남에 따라 무작위 경로에서 능률적인 길로 변화한다. 이 같은 시간이 지남에 따라 조직되어 나타나는 패턴 또한 단순한 시스템들의 다양성으로부터 발생하는 복잡한 시스템 및 패턴들을 일으키는 프로세스인, 창발성의 예시라고 볼 수 있겠다.

개미 먹이 패턴들은, 자율적인 행위자들의 행동과 상호작용을 시뮬레이션해 시스템 전체에 대한 효과를 측정하는 행위자 기반 모델의 시뮬레이션에 적합하다. 우리가 개미 먹이 패턴을 모델링할 때, 개미 각각은 모델에 있는 행위자이며, 주변 상황에 근거해 판단을 내리는 자율적으로 행동하는 개인이다. 많은 수의 개미들을 시뮬레이션할 때, 실제 세상의 개미 행동을 반영하는 행동들이 창발된다. 이러한 모델들은 현실의 도시계획부터 영화제작까지 다양한 분야에 응용이 가능하다.

12.2 모델 요약

데뉴보그(Deneuborg) 외 연구자들의 1989년 논문인 "맹인이 맹인을 이끈다. 화학적으로 매개된 군대 개미의 습격 패턴(The Blind Leading the Blind: Modeling Chemically Mediated Army Ant Raid Patterns)"이라는 논문에서 예시를 볼 수 있다. 해당 논문은 *http://www.ulb.ac.be/sciences/use/publications/JLD/58.pdf*에서 다운로드 가능하다.

이 모델의 전제는 개미들이 움직이면서 페로몬을 묻히고, 그것이 다른 개미들이 동일 경로를 따라갈 확률을 높인다는 것이다. 음식을 찾은 개미들은 찾지 못한 개미들보다 더 많은 페로몬을 놓기 때문에 다른 개미들의 경로를 따라와 더 많은 음식을 찾을 수 있는 확률을 높여준다.

개미들은 그리드 위에 배열된 분리된 점들로 표현된 이차원 세상에 산다. 모델의 매 단계에서, 각 개미는 집에서 멀어지는 방향의 이웃 좌표 하나나 두 개로 움직일 수 있는(왼쪽 앞 또는 오른쪽 앞) 일정 확률이 있다(그림 12-1). 모든 개미들은 둥지(nest)이라고 불리는 세상의 모서리에서 시작한다. 시뮬레이션 단계마다, 우리는 둥지에 더 많은 개미를 추가한다. 그것이 끊임없이 외부로 향하는 개미 줄기를 만들게 된다.

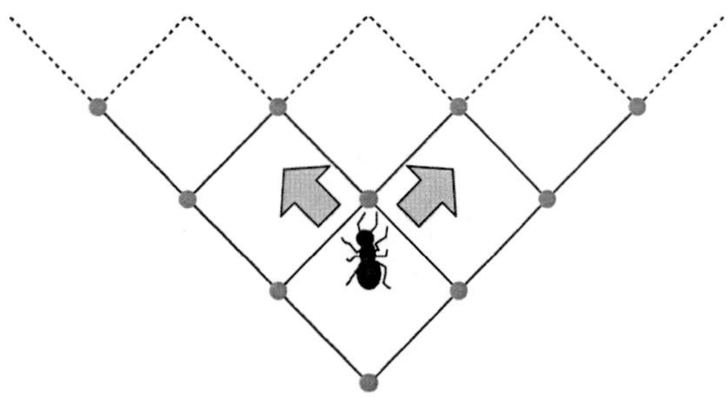

그림 12-1 매 시간단계마다 개미들은 왼쪽 앞 또는 오른쪽 앞으로 움직인다

일단 개미가 먹이를 찾으면 둥지를 향해 등을 돌린다. 그러고도 동일한 동작 규칙을 따른다. 즉, 매 시간 단계에서 왼쪽 앞 또는 오른쪽 앞으로 움직이는 선택은 그것이 보는 페로몬의 양에 좌우되나, 단지 이번에는 그 결정이 개미를 둥지로 데려다 주는 차이뿐이다. 또한 움직이고 나서 개미는 먹이를 찾을 때보다 더 많은 페로몬을 묻힌다. 그러면 먹이를 찾는 다른 개미들이 이 경로를 찾을 확률이 현저히 올라가며, 잠재적으로 더 많은 음식을 찾게 된다.

초기 설정할 때 모델 상의 세상에는 점들마다 각각 먹이를 가지고 있을 확률이 존재한다. 우리는 초기 조건이 설정된 뒤엔 약 1000회의 시간 단계 정도의 시뮬레이션을 돌려보고, 결과를 그림으로 나타냈다. 그래프는 그림 12-2에서 볼 수 있는데, 이것은 데뉴보 그 외 연구자들이 논문의 그림 1에서 보여준 실제 먹이 찾기 패턴과 유사하다.

⌛ 연습 12-1

*http://thinkcomplex.com/ants.py*에서 우리의 시뮬레이션 코드를 다운로드하라. 1000회 시간 단계만큼 실행하고, 여러분의 결과가 그림 12-2와 비슷한지 알아보자. 컴퓨터가 시뮬레이션을 할 때 계산적으로 이 작업에 집중하게 될 수 있다. 우리 컴퓨터에서는 1000회가 약 2분정도 걸렸으니까, 참을성을 가지고 기다려 보자!

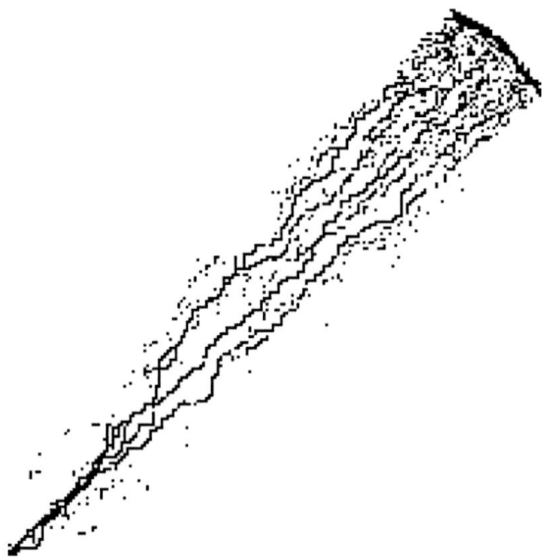

그림 12-2 1000회 시간 단계 이후의 시뮬레이션 결과

12.3 API 디자인

이것과 같은 시뮬레이션을 작성할 때 코드를 읽을 독자들이 이해하기 쉬운 클래스를 디자인하면서, 동시에 코드가 효율적으로 실행될 데이터 구조를 구현하는 것은 어려운 작업이다.

어떤 모델을 클래스로 나누는 방법을 소개하자면 모델을 설명할 때 사용하는 주요 명사들을 목록으로 만든 뒤에 가장 눈에 띄는 것들을 객체로 만드는 것이 있겠다. 우리의 모델에서 주요 객체는 개미 (Ant)와 그리드의 점을 나타내는 위치 (Location)가 담겨있는 월드 (World)이다.

다음 단계는 현재 상태에 대해 각각의 클래스가 책임지는 정보가 어떤 것이 필요한지를 결정하는 것이다. 우리의 경우 월드의 행동은 개미와 위치가 무엇을 할 수 있느냐에 따라 정의된다. 따라서 클래스들을 아래부터 상향식으로 설계해, 적어도 개미와 위치의 방법 및 속성에 대한 잠정적인 아이디어를 구체화한 뒤에, 월드를 나중에 생각하는 것이 타당하다.

개미들에 대해서 가장 중요한 정보는 그들이 세상의 어디에 위치해 있느냐이기 때문에 각 개미는 좌표를 저장하는 속성 x와 y를 가지고 있다. 또한, 각 개미는 자신이 현재 먹이를 가지고 있는지 아닌지를 기록하고 있다. 개미는 월드에 대해 지역적인 정보만을 가지고 있으며, 그들 모두를 기록하는 것은 월드 객체의 역할이다.

개미는 세상이 자신들과 상호작용하기 위해 사용하는 메소드를 두 개 제공한다.

○ getPos

이 개미의 현재 좌표를 반환한다.

○ move

지역 정보를 수집하고 개미를 그것에 따라 움직인다.

위치는 개미보다 더 아는 것이 적다. 각각의 위치는 먹이와 페로몬의 양만 기록한다. 위치는 개미와 월드가 사용해서 위치의 먹이와 페로몬의 양을 변경하는 접근자 메소드들을 제공한다.

위치는 자신의 지도 위 좌표를 기록하지 않는데, 왜냐하면 어차피 변하지 않기 때문이다. 대신에 그 정보는 좌표를 위치 객체에 매핑하는 사전에 의해 간접적으로 알 수 있다.

월드 객체는 하나밖에 없다. 이 인스턴스는 존재하는 모든 개미와 위치를 기록한다. 월드는 시뮬레이션의 상태를 제어하는 메소드들을 제공한다. move_ants는 모든 개미의 move 메소드를 호출하고 매 위치의 페로몬의 일정 비율을 증발시킴으로써 한 단계 시뮬레이션을 진행시킨다. 다른 메소드들에는 둥지에 명시된 숫자의 개미를 추가하는 add_ants, 일정 확률로 각 위치에 먹이를 두는 place_food 그리고 주어진 좌표의 위치를 찾아보는 get_location 등이 있다.

12.4 희소 행렬

우리가 만든 세상을 구성하는 위치 집단은 **희소 행렬** (sparse matrix)로 구현했다. 이 표현법에 따르면 위치는 필요해지기 전까지 존재하지 않는다. World.get_location은 주어진 좌표의 존재하는 위치를 가져오거나, 존재하지 않을 경우 새로운 위치를 생성하는 책임을 맡고 있다.

다른 대안으로는 파이썬에서 리스트로 된 리스트이거나, NumPy 배열인 **조밀 행렬** (dense matrix)이 있다. 우리의 경우 희소 행렬을 사용한다면 장점이 두 가지 있다.

- 월드의 많은 부분이 대부분의 시간 동안 비어있기 때문에, 비어있지 않은 위치만 기록하는 것이 메모리 관점에서 더 효율적이다.
- 희소 행렬은 미리 설정된 경계가 없어서 개미가 어떤 방향으로든 움직여갈 수 있다. 조밀 행렬로는 이러한 기능을 구현하기가 힘들다.

12.5 wx

우리는 wx 파이썬 패키지를 통해 실행이 끝난 시뮬레이션의 개미를 그림으로 나타냈다.

월드를 받아서 wx 창을 생성하고, 개미를 그리는 AntPlot이라는 클래스를 정의한다(그림 12-2).

```
class AntPlot:
    def __init__(self, world):
        self.world = world
        self.app = wx.PySimpleApp()
        self.w = 500
        self.h = 500
        self.frame = wx.Frame(None, -1, 'Ant Plot', size=(self.w, self.h))
        self.canvas = FloatCanvas(self.frame, -1)

    def draw(self):
        positions = self.world.get_ant_dict()
        for pos in positions:
            x, y = pos
            x -= self.w / 2
            y -= self.h / 2
            self.canvas.AddPoint((x, y))
        self.frame.Show()
        self.app.MainLoop()
```

wx FloatCanvas를 사용해서 개미 그래프를 그린다. GUI 라이브러리에 속한 캔버스 대부분은 (0, 0) 점을 좌상단 모서리로 정의하고 좌측으로 x가 증가하고 아래쪽으로 y가 증가하게 되어있는데, FloatCanvas의 좌표는 수학처럼 생각하면 된다. 가운데가 중심이고, 양수 y가 위쪽 방향이다. 그러면 좌표를 캔버스 시스템으로 변환하지 않아도 되어 더 간단히 코드를 작성할 수가 있다.

wx에 대해 더 알아보고 싶다면 AntPlot이 좋은 시작점이 될 것이다.

연습 12-2

모델의 행동을 더 잘 이해하기 위해, 매개변수를 변경해 보고 어떤 효과가 나는지 알아보자. 이를테면 모델의 페로몬 양을 바꿔본다. 개미들이 훨씬 많거나 적은 양의 페로몬을 놓으면 어떻게 되는가? 둥지를 떠날 때만, 혹은 돌아올 때만 페로몬을 남기면 어떻게 되는가?

연습 12-3

먹이의 분포는 흔적의 구조에 영향을 미친다. `ant.py`에서 위치들은 먹이 조각 하나를 가질 확률이 50%이다. 각 위치가 50 조각의 먹이를 가질 확률이 1%가 되면 어떤 일이 일어나는가?

연습 12-4

여태껏 우리는 하나의 개미 둥지를 모델링했다. 둥지가 여러 개면 어떻게 될까? 값 d를 골라 개미들이 (0, 0)뿐만 아니라 (0, d)와 (d, 0)에서도 증식되도록 코드를 변형해 보자. 개미 흔적들이 합쳐지는가, 아니면 모두 구별되어 유지되는가?

둥지 별로 수집한 먹이량을 기록해보자. 특정 둥지가 다른 둥지보다 결과가 좋은가?

한 둥지의 개미들이 다른 개미들보다 약간 더 많은 페로몬을 놓는다면 어떻게 되는가?

12.6 응용

행위자 기반 모델은 교통 패턴의 모델링부터 현실적인 전투 시뮬레이션 생성까지 수많은 응용이 있다. 엔터테인먼트 업계에선 행위자 기반 모델을 사용해서 영화, 게임 그리고 광고에 나오는 군중을 시뮬레이션한다.

이러한 종류의 모델은 영화제작보다 훨씬 확장성이 크다. 수천 명의 엑스트라를 모집하는 것보다 커다란 군중을 시뮬레이션하는 게 훨씬 쉽다. 행위자 기반 모델은 대규모의, 시각적으로 멋진 장면을 만들어낼 수 있게 해준다.

반지의 제왕 3부작은 가장 두드러진 예시다. 시각효과 개발자들은 수십만의 다양한 인종과 싸움 기술을 가진 군인들이 나온 전투 장면을 만들어야 했다. 그들은 행위자 별로 약 200개의 가능한 동작(모션 캡쳐로 동영상을 만든)을 가진 행위자 기반 모델을 구현했다. 행위자들은 단순한 규칙을 따라 논리와 확률에 기반한 가능한 반응을 선택했다. 여러 인종(엘프, 오크, 인간)은 동일한 '마스터 행위자'에 기초했지만 서로 다른 무기와 능력을 가졌고 공격 반응 또한 다르게 프로그램되었다.

동시에 수천 명의 행위자를 시뮬레이션하면 무척이나 복잡한 전투 장면들을 만들 수 있게 된다. 그 결과는 때로 프로그래머들조차 놀라게 만든다. 어떤 시뮬레이션에서는, 많은 수의 행위자들이 전투에서 도망쳤다. 그들이 도망치도록 프로그램 되어있는 선택지가 없었는데도 말이다. 오히려 이 행동은 단순한 규칙들을 따르는 행위자들 간의 상호작용에서 창발되었다. 실제 전투 시나리오라고 생각하면 매우 현실적이었을 이 예기치 않은 동작은 행위자 기반 모델의 힘을 보여준다.

반지의 제왕 3부작을 위해 개발된 프로그램인 매시브(Massive)는 대규모 전투 장면을 시뮬레이션하는 업계 표준이 되었다. 그때부터 매시브는 나니아 연대기나 300 같은 영화들의 전투 장면과, 해피 피트나 아바타의 좀 더 얌전한 군중 시뮬레이션에도 사용되었다.

이 영화들에 사용된 모델들은 우리의 개미 흔적보다 훨씬 복잡하지만, 동일한 개념의 예시라고 보면 된다. 반지의 제왕의 행위자들처럼, 우리 개미들도 단순한 규칙을 따르며, 그들의 상호작용은 현실적이고, 복잡하고, 때론 예기치 못한 행동을 산출한다.

Chapter

13

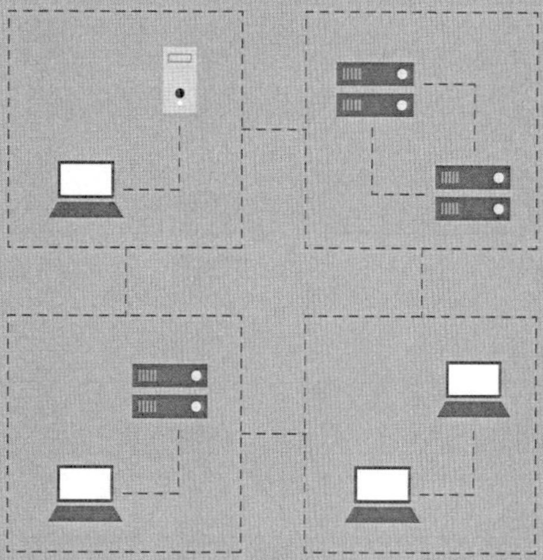

방향 그래프

레이첼 보빈스(Rachel Bobbins), 노암 루빈(Noam Rubin)

여러분이 학기말 과제로 "모호한 주제"에 대한 보고서를 써야하는 대학생이라고 상상해 보자. 새벽 2시에 바쁘게 조사를 하던 도중 당신은 조사 주제와 관련된 위키피디아 표제어 항목을 발견했다. 놀랍게도 이것은 다른 위키 항목들로 이어지는 금광이었다. 흥분한 당신은 자료를 찾기 위해 링크들을 타고 페이지를 넘나든다. 그런데 한 시간쯤 지나자 당신은 계속 같은 자리에서 헤매고 있음을 발견한다. 어떤 링크를 클릭해도 새로운 페이지를 발견할 수가 없는 것이다!

만약 당신에게 이런 일이 일어났다면 당신은 자신도 모르게 위키피디아에서 매듭을 찾아낸 것이다. 매듭이란 방향 그래프 고유의 특성으로 이것을 이해하기 위해서는 방향 그래프에 대한 기본적인 이해가 필요하다.

이 책에서 등장하는 다른 모든 그래프들은 무방향(undirected) 그래프이다. 무방향 그래프에서 연결선은 노드들 간의 대칭관계를 표현한다. 대칭관계는 지인관계 네트워크나 교통망과 같은 분야에 적용하기에는 적절하지만, 월드와이드웹상에 존재하는 페이지의 링크들과 같이 비대칭적인 관계가 나타나는 네트워크에서는 그렇지 않다.

위키피디아 링크 또한 비대칭관계로 A 페이지에는 B 페이지로 가는 링크가 있지만, B 페이지에는 A 페이지로 가는 링크가 없을 수도 있다. 따라서 A와 B라는 페이지들 간의 관계를 온전히 설명하기 위해서는 A에서 B로의 링크가 있는지,그리고 B에서 A로의 링크가 있는지에 대한 정보가 모두 필요하다. 이것이 방향 그래프의 본질이다. 방향그래프의 방향 연결선 $e=(A, B)$란 A에서 B로 가는 연결선을 말한다.

매듭은 방향그래프 고유의 속성이다. 매듭이란 노드와 연결선들의 집합으로 매듭 내의 모든 노드는 진출연결선(outgoing edge)을 가지고 있으며 이 진출연결선들은 매듭 내의 노드에서 시작해 매듭 노드 안에서 끝난다. 따라서 방향연결선을 따라 매듭을 떠나는 것은 불가능하다.

13.1 구현

처음의 언급한 학기말 과제의 시나리오에서 우리는 위키피디아 내의 매듭을 찾는 과정을 상상했다. 위키피디아 항목들 내에서의 폐쇄적인 집합 말이다. 우리는 그것이 실제로 존재하는지도 궁금했다. 위키피디아에 3,811,000개 이상의 항목들이 있고 그것들이 서로 다 다른 페이지로 연결되어 있다고 할 때, 매듭이 있을 가능성은 사실상 매우 낮아 보였지만 우리는 조사를 진행하기로 했다.

우리는 2.2장 〈그래프 표현하기〉에서 만들었던 `Graph.py` 파일의 내용에서 시작해 방향 그래프를 지원하도록 확장했다. 그 결과는 다음의 주소에서 다운받을 수 있는 `DirectedGraph.py`에 들어있다. (*http://thinkcomplex.com/DirectedGraph.py*) 우리는 방향 그래프을 구축하는 데 있어서 노드와 연결선 탐색에 드는 증가 기준을 유지하고 싶었다. 그러나 노드에서 연결선으로 연결선에서 노드로 추적이 가능해야 하는 제약이 있었고, 이들은 각기 다른 사전에 보관하는 것이 자연스럽다. 두 개의 사전을 달리 보관하는 것은 메모리를 두 배로 소모하지만 검색의 속도를 위해서는 충분히 지불할 만한 비용이라 할 수 있다.

13.2 매듭 감지

방향 그래프 내에서 매듭을 감지하기 위해 우리는 너비우선 탐색에 기반한 매듭감지 알고리즘을 개발했다. _bfsknots 함수는 주어진 노드로부터 도달할 수 있는 모든 노드들을 찾아내고 해당 노드들을 집합형태로 반환한다.

```
def _bfsknots(self, s):
    # 시작 노드를 가지고 큐를 초기화
    queue = [s]
    visited = set()
    on_first_vertex = True
    while queue:

        # 다음 노드를 가져오기
        v = queue.pop(0)

        # 이미 표시되어 있다면 건너뛰기
        if v in visited: continue

        # 그래도 첫 번째 노드 위에 있으면, 방문하고 있지 않은 것이다
        if v != s or not on_first_vertex: visited.add(v)
        on_first_vertex = False

        for x in self.out_vertices(v):
            #진출 노드들이 캐싱되어 있으면 visited를 업데이트한다
            if x in self._knot_cache.keys():
                visited.update(self._knot_cache[x])
                visited.add(x)

            #다른 경우 큐에 추가한다
            elif x not in self._knot_cache.keys():
                queue.append(x)
    return visited
```

우리는 그래프에 있는 모든 노드에 대해 _bfsknots을 적용하여 노드와 해당 노드에서 도달할 수 있는 노드의 집합을 매핑하는 사전을 구축했다. 이는 모든 노드 V에 대해서 해당 노드에서 출발해도 달할 수 있는 대상 노드들의 집합인 S_V를 안다는 뜻이다.

만약 그래프에 매듭이 존재한다면 그 매듭안에 있는 모든 노드 V로부터 도달가능한 노드들의 집합 S_V는 매듭 내에 존재하는 모든 노드의 집합과 일치한다.

함수 has_knot은 그래프 내의 모든 노드들을 순환하며 이 조건을 만족하는 경우 true값을 반환한다. 모든 그래프를 탐색하고서도 매듭을 찾지 못하는 경우에는 대신 false값을 반환한다.

```
def has_knot(self):
    """
    방향그래프에 매듭이 존재한다면 True 반환
    """
    self._knot_cache = {}
    # 어느 노드가 어느 노드에서 접근 가능한지 캐시 만들기
    for v in self:
        self._knot_cache[v] = self._bfsknots(v)

    # 매듭을 검색
    for v in self:
        if self._knot_at_v(v):
            return True
    return False
```

최종적으로 _knot_at_v 함수는 노드 V로부터 도달할 수 있는 모든 노드들이 도달가능한 노드의 집합으로 S_V를 가지고 있는지 확인한다.

연습 13-1

다음의 주소에서 파일을 다운받자. *http://thinkcomplex.com/DirectedGraph.py* 먼저 파일 내에서 사용하는 용어에 좀 익숙해질 필요가 있다. DirectGraph에선 연결선을 호(Arc)라고 부른다.

실험적으로 `has_knots`의 증가 기준을 알아보자.

3장의 "리스트 더하기"에서의 예제를 따라해도 괜찮다. 아래에 도움이 될만한 힌트를 몇가지 나열한다.

1. `DirectedGraph.add_random_edges`를 이용해 크기가 각기 다른 그래프들을 생성하자.
2. 각 그래프에 대해 매듭을 찾는데 걸리는 시간을 기록하자.
3. 로그-로그 스케일 그래프에 노드 수 증가에 따른 수행시간과 연결선 수 증가에 따른 수행시간을 그래프에 그려보자.

연습 13-2

방향 그래프 안에 존재하는 모든 매듭들을 찾아보자.

1. 그래프 안의 모든 매듭을 반환하는 `all_knots` 함수를 작성하자. 여기서 매듭은 노드의 집합으로 표현된다.
2. 매듭으로의 엔트리 포인트 역할을 하는 모든 노드의 리스트를 반환하는 `entry_points` 함수를 작성하라.

13.3 위키피디아에서의 매듭

위키피디아에서 매듭을 찾기 위해 우리는 색인으로 정렬된 위키피디아 항목 목록을 이용하여 서로소인 부분집합 558여 개를 추출하였다. 예를 들어 신경생물학에 대한 색인으로부터 위키 항목들을 수집해 한개의 부분집합을 구성하고 짐바브웨에 대한 색인을 통해 다른 부분집합을 만드는 식이다. 이들 558개의 부분집합은 321,000개의 즉, 거의 전체 위키 항목의 10%를 포함한다.

해당 부분집합들을 조사해보았더니 38%에서 최소 한개의 매듭이 발견되었다. 따라서 조사 대상이 하나의 색인 페이지에서 추출된 위키항목들을 대상으로 한다면 매듭이 발견될 확률이 매우 높다.

전체 위키피디아를 대상으로 할 경우에는 다른 색인페이지에 존재하는 항목들로 연결될 수도 있기 때문에 매듭이 발견될 확률이 낮아질 것이다. 이러한 결과를 바탕으로 위키피디아 전체를 대상으로 매듭의 존재 여부를 말하기는 어렵다.

한편 탐색을 할 때 위키 항목 대신에 학술지 논문을 사용할 수도 있다. 그러나 이 경우에는 매듭을 찾지 못할 것이다. 왜냐하면 과학 논문들은 순차적으로 발표되며 미래에 발표되는 논문을 참조하지 못하기 때문이다. 따라서 논문과 인용을 표현하는 방향그래프에서는 매듭이 생길 수 없다.

Chapter

14

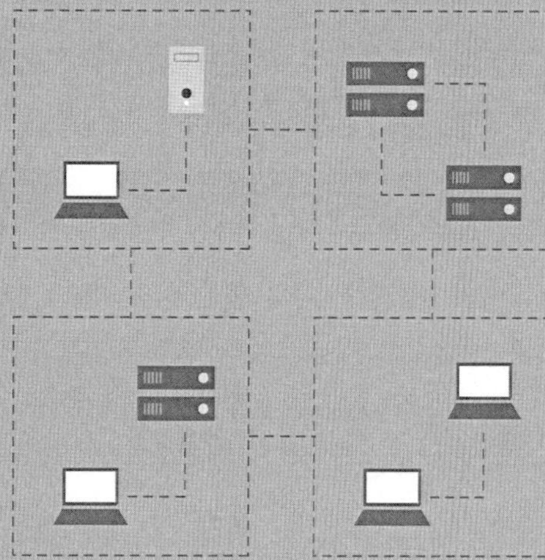

케이스 스터디: 자원자의 딜레마

몰리 그로스만(Molly Grossman), 맨디 코르푸시크(Mandy Korpusik), 필립 로(Philip Loh)

14.1 프레리독의 딜레마

여러분이 같은 마을 출신의 친구들과 함께 보초 업무를 맡은 프레리독이라고 생각해 보자. 포식자를 보게 되면 여러분에겐 두 개의 선택지가 있다. 경고음을 울리든가, 조용히 있든가. 만약 여러분이 경고음을 내면 다른 프레리독들의 안전을 보장해 줄 수 있지만, 포식자가 여러분을 쫓아오게 만들게 된다. 본인에게 있어서는 조용히 있는 것이 안전하나 모든 보초들이 조용히 있는다면 본인을 포함해 다같이 위험해진다. 그렇다면 포식자를 보면 어떻게 행동해야 되는가?

이 시나리오는 164쪽에서 다룬 죄수의 딜레마와 유사한 게임인, 자원자의 딜레마의 예시 중 하나다. 죄수의 딜레마에서, 각 참가자는 협력과 배신이라는 두 선택지를 가지고 있다. 자원자의 딜레마 또한 참가자에게는 두 가지 선택지가 있다. 자원하거나(프레리독 예시에선 경고음을 내는), 무시하거나(조용히 있는) 둘 중 하나다. 만약 한 명의 참가자가 자원을 하면, 다른 참가자는 무시하는 게 더 좋은 선택이다. 하지만 두 참가자 모두 무시한다면, 둘 다 값비싼 비용을 치르게 된다.

죄수의 딜레마에서 두 참가자들은 함께 협력하는 게 좋다. 하지만 서로 어떤 행동을 할지 모르기 때문에, 각자 본인이 배신해야 한다는 결론에 이르는 것이다.

자원자의 딜레마에선, 어떤 결과가 두 참가자 모두에게 이로운지 단박에 떠오르지 않는다. 참가자들의 이름이 앨리스와 밥이라고 해보자. 앨리스가 자원하면 밥은 무시하는 게 좋다. 만약 앨리스가 무시하면 밥은 자원하는 게 좋다. 밥에게 확실한 최선의 전략이 없는 것이다. 동일한 논리로, 앨리스도 같은 결론에 이른다. 밥이 자원하면 본인이 무시하는 게 낫고, 밥이 무시하면 그녀가 자원하는 게 이롭다.

죄수의 딜레마처럼 어떤 최적 결과가 있는 것이 아니라, 여기엔 동일한 두 가지 결과가 있는 것이다. 밥이 자원하고 앨리스가 무시하거나, 밥이 무시하고 앨리스가 자원하는 방법이다.

프레리독 마을에는 둘 이상의 보초가 있다. 앨리스와 밥만 존재하는 시나리오에서처럼, 마을 전체가 이롭기 위해선 단 하나의 참가자만 자원하면 된다. 따라서 보초의 수만큼 동일한 결과가 존재한다. 각각의 경우에 보초 한 명이 자원하고, 나머지 프레리독들은 무시하는 결과다.

하지만 한 보초가 항상 자원하면, 보초가 다수 존재할 이유가 없다. 상황을 좀 더 공평하게 만들려면 보초들이 무작위로 결정을 내리도록 하면 된다. 그러면 우리는 보초들끼리 자원하는 부담을 나누어지게 할 수 있다. 다시 말해 각 보초가 확률 γ를 따라 무시를 하거나 $1-\gamma$를 따라 자원하게 만드는 것이다. 최적의 γ값은 모든 참가자가 공동의 이익을 위해 최소한으로 자원하는 값이다.

14.2 분석

마르코 아르케티(Marco Archetti)는 논문 '자원자의 딜레마와 사회적 집단의 최적 크기(The Volunteer's Dilemma and the Optimal Size of a Social Group)'에서 최적값에 대해 연구한 바 있다. (*http://people.fas.harvard.edu/~archetti/papers/JTB_2009_VD.pdf*) 이번 섹션에서는 그의 분석을 따라가 본다.

각 참가자가 최적의 확률로 자원하면, 자원의 기대 수익은 무시의 기대 수익과 동일하다. 자원의 수익이 무시보다 클수록, 참가자는 더 자주 자원하고 더 적게 무시하게 된다. 무시의 수익이 자원보다 클 때는 그 반대가 된다.

최적 확률은 각 선택지의 비용과 이익에 따라 달라진다. 사실 참가자가 둘일 때 최적 γ는 다음과 같다.

$$\gamma 2 = c/a$$

c는 자원할 경우의 비용이며 a는 아무도 자원하지 않았을 때의 총비용이다. 프레리독의 예시를 보면, 누구도 자원하지 않았을 때의 피해가 클 때 $\gamma 2$는 작다.

더 많은 프레리독들을 보초 임무에 보내면 더 많은 참가자들이 자원 비용을 공유하게 되므로, 각 참가자들이 무시할 확률이 상승한다고 예상이 가능하다. 실제로, 아르케티는 다음을 보여줬다.

$$\gamma N = \gamma_2^{1/(N-1)}$$

γN은 N이 커지면서 함께 증가하므로, 참가자의 숫자가 늘어날수록 각 참가자는 덜 자원하게 된다.

하지만 놀랍게도 보초를 추가한다고 해서 마을이 안전해지지는 않는다. 모두 최적의 확률에 따라 자원하면, 자신을 제외한 다른 모든 사람이 무시할 확률이 γ_N^{N-1}, 즉 $\gamma 2$이고 그것은 N과는 관계없다. 만약 확률 γN에 따라 무시하게 되면, 모두가 무시할 확률은 $\gamma 2 \gamma N$이므로 N이 커지면서 오히려 높아지는 것이다.

결과는 실망스럽다. 공동의 이익이라는 짐 전체를 한 개인에게 항상 지움으로써 피해가 커지는 상황이 절대 오지 않도록 할 수가 있다. 또는 그 대신 공평하게 참가자들에게 각각 특정 퍼센트의 시간 동안 자원해달라고 할 수도 있지만, 짐을 나누는 참가자들이 늘어날수록 피해가 커지는 상황이 자주 일어나게 된다.

⌛ 연습 14-1

*http://en.wikipedia.org/wiki/Bystander_effect*에서 구경꾼 효과에 대해 읽어보자. 자원자의 딜레마가 구경꾼 효과에 대해 어떤 설명을 할 수 있는가?

연습 14-2

어떤 대학교들에는 부정행위를 신고하도록 하는 명예 규칙이 존재한다. 어떤 학생이 시험에서 부정행위를 하면, 그것을 목격하는 다른 학생들은 자원자의 딜레마의 일종에 빠진다. 목격자로서 두 가지 선택지가 있다. 위반자를 신고하거나 무시하는 것이다. 만약 신고를 하면, 명예 규칙이 위반되지 않게 유지하고 교내의 정직하고 진실한 문화에 이바지하게 되지만, 껄끄러운 관계나 감정적인 불편함이라는 비용이 초래된다. 만약 다른 누군가 신고를 하면, 여러분은 스트레스나 번거로움 없이도 이익을 얻는다. 하지만 모두가 무시하면, 명예 규칙이 훼손되고, 부정행위자들이 처벌받지 않아 다른 학생들이 부정행위를 할 확률도 올라간다.

*http://thinkcomplex.com/volunteersDilemma.py*를 다운로드한 뒤 실행해보자. 기초적인 자원자의 딜레마를 구현해놓았다. 이 코드는 N의 범위를 따라 주어진 c와 a가 있을 때 아무도 자원하지 않을 확률을 그래프로 나타내준다. 이 코드를 고쳐서 명예 규칙 버전의 자원자의 딜레마를 살펴보자. 자원하는 비용, 아무도 자원하지 않을 때의 비용 그리고 모집단의 크기를 변경할 때 아무도 자원하지 않을 확률에 어떤 변화가 나타나는가?

14.3 규범 게임

일부 대학교에선 부정행위가 만연한데, 그럼에도 학생들은 거의 부정행위자들을 신고하지 않는다. 다른 대학교들에선 부정행위가 거의 없고, 있다 하더라도 신고되어 처벌받을 확률이 높다. 부정행위에 대한 규칙과 부정행위자들을 신고하는 명시적/암시적 규칙들은 **사회적 규범**이라고 부른다.

사회적 규범은 개인들의 행동에 영향을 미친다. 예를 들어, 부정행위가 흔하고 거의 처벌받지 않는다고 생각되면 부정행위를 할 확률이 높다. 하지만 개인들이 사회적 규범에 영향을 미치기도 한다. 만약 더 많은 사람들이 부정행위자를 신고한다면, 부정행위는 줄어든다. 이전 섹션의 분석을 확장해서 이러한 효과를 모델링할 수 있다.

우리의 모델은 로버트 액설로드가 '규범에 대한 진화적 접근(An Evolutionary Approach to Norms, *http://www.jstor.org/stable/1960858*)'에서 보여준 유전 알고리즘에 기초하고 있다. 유전 알고리즘은 자연적인 진화 프로세스를 모델링한다. 우리는 여러 다른 속성들을 가지고 있는 시뮬레이션된 개인들의 인구 집단을 생성하겠다. 개인들은 그들의 적응도를 확인하는 방식으로 상호작용한다. 적응도가 높은 개인은 번식할 확률이 높으므로, 시간이 지나면서 집단의 평균 적응도는 증가한다.

부정행위 시나리오에서 관련된 속성들은 다음과 같다.

○ **대담함(boldness)**

개인이 부정행위를 할 확률

○ **앙심(vengefulness)**

개인이 부정행위자를 신고할 확률

참가자들은 '부정하거나-안하거나', '처벌하거나-안하거나'라는 두 게임을 통해 상호작용하게 된다. 전자에서 각 참가자는 **대담함**에 따라 부정행위를 하거나 하지 않는다. 후자에서, 각 참가자는 **양심**에 따라 부정행위자를 신고하거나 하지 않는다. 세대 당 여러 번 이러한 부분 게임들이 플레이되며, 따라서 각 참가자는 부정행위를 하거나 부정행위자를 처벌할 여러 번의 기회가 있다.

각 참가자의 적응도는 그들이 부분 게임을 어떻게 플레이하느냐에 달려있다. 어떤 참가자가 부정행위를 하면, 그의 적응도는 **보상** (reward) 점수만큼 증가하나, 다른 사람들의 적응도는 **피해** (damage) 점수만큼 감소한다. 부정행위자를 신고하는 개인은 **비용** (cost) 적응도 점수를 잃으며 부정행위자가 **처벌** (punishment) 적응도 점수만큼 잃게 만든다.

매 세대의 끝마다, 적응도 수준이 가장 높은 개인들은 다음 세대에 가장 많은 자손을 남긴다. 새로운 세대의 개인들의 속성은 다양성을 유지하기 위해 돌연변이된다.

다음 코드는 위 시뮬레이션의 구조를 요약하고 있다.

```
for generations in range(many):
    for steps in range(repetitions):
        for person in persons:
            cheat_or_not()
            punish_or_not()
    genetic_repopulation()
    genetic_mutation()
```

14.4 결과

매 실행마다 무작위 인구 집단으로 시작하고 300세대동안 실행된다. 이 시뮬레이션의 매개변수는 보상 = 3, 피해 = 1, 비용 = 2, 처벌 = 9이다. 마지막에 우리는 집단 전체의 대담함과 양심의 평균을 계산한다. 그림 14-1은 그 결과를 보여준다. 각각의 점은 시뮬레이션 1회 실행을 나타낸다.

그림에는 두 개의 명확한 군집이 보이는데, 하나는 대담함이 낮고 다른 하나는 높다. 대담함이 낮을 때는 앙심의 평균이 산개해 있어, 앙심이 별로 영향을 미치지 않는다는 점을 시사한다. 만약 소수의 사람이 부정행위를 하면, 처벌할 기회가 적고 앙심이 적응도에 미치는 효과가 미미하다. 대담함이 높을 때는 앙심이 일관되게 낮은 것을 볼 수 있다.

대담함이 낮은 군집에서 평균 적응도는 높으며, 따라서 대담함이 높은 군집에 있는 개인들이 이사를 갈 수 있다면 이익을 취할 수 있을 것이다. 하지만 그들이 일방적으로 대담함이 높거나 앙심이 높은 곳으로 움직인다면 그들의 적응도가 떨어지게 된다. 따라서 대담함이 높은 시나리오는 안정적이고, 그렇기 때문에 군집이 존재하는 것이다.

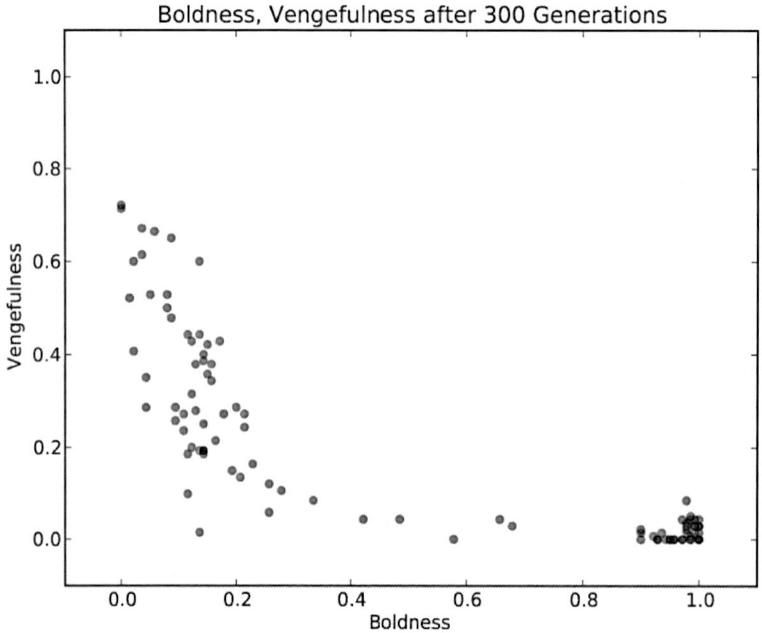

그림 14-1 300세대 실행 후 종료 조건

14.5 기회 향상시키기

여러분이 새로운 대학교를 설립하고 자신이 원하는 학교 분위기를 고심하고 있다고 상상해보자. 아마도 부정행위가 거의 없는 환경을 선호할 것이다. 하지만 우리의 시뮬레이션을 보면 안정된 결과는 두 종류라는 계산이 나온다. 바로 부정행위율이 높거나 낮은 극단의 결과 두 가지다. 그 중에서 부정행위가 적은 체제를 달성하고 유지시킬 기회를 잡으려면 어떻게 해야 될까?

시뮬레이션의 매개변수들은 결과의 확률에 영향을 미친다. 이전 절에서 매개변수들에는 보상 = 3, 피해 = 1, 비용 = 2, 처벌 = 0가 있었다. 부정행위가 적은 체제가 될 확률은 50% 정도였다. 여러분이 새로운 대학교를 설립한다고 하면, 이 확률은 마음에 들지 않을 것이다.

결과에 가장 큰 효과를 미치는 매개변수는 부정행위자를 신고하는 데 드는 비용 그리고 잡히면 드는 비용인 처벌이다. 그림 14-2를 보면 좋은 결과들이 차지하는 비율이 이 매개변수에 달려있다는 사실을 알 수 있다.

좋은 결과가 나올 확률을 증가시키는 방법에는 두 가지가 있다. 비용을 감소시키거나 처벌을 증가시키는 것이다. 처벌 = 9로 두고 비용을 1로 낮추어 고정하면, 좋은 결과가 나올 확률은 80%다. 반면에 비용 = 2로 고정하면서 동일한 확률을 얻으려면 처벌을 11까지 올려야 한다.

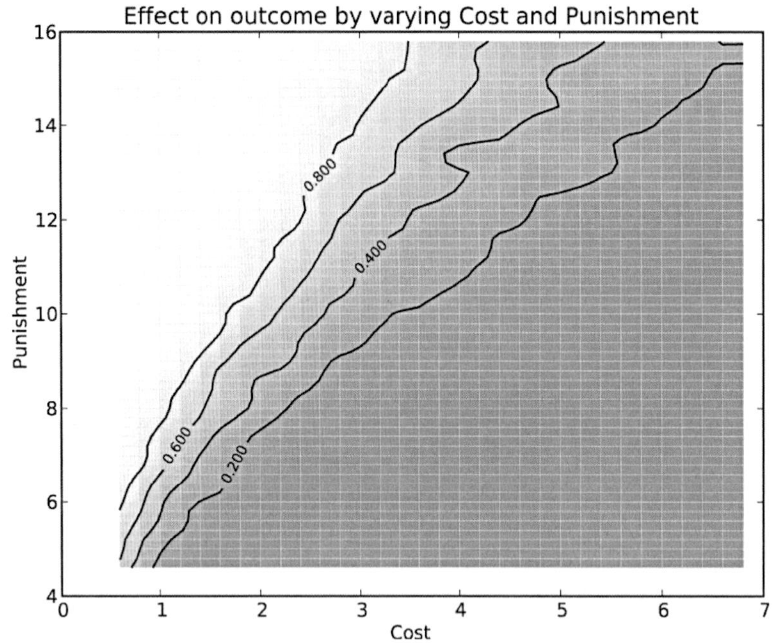

그림 14-2 부정행위자를 신고하는 비용과 부정행위 처벌 비용에 따라 달라지는 좋은 결과의 비율

어떤 옵션이 더 좋은지는 실질적, 문화적으로 고려해봐야 한다. 그리고 당연히, 이 모델을 너무 진지하게 받아들이진 말아야 한다. 복잡한 인간 행동의 추상화된 모델일 뿐이기 때문이다. 그럼에도 불구하고, 사회적 규범의 창발성과 안정성에 대한 통찰을 주기도 한다.

연습 14-3

이 절에서 우리는 보상과 피해를 고정시키고 비용과 처벌의 효과를 알아봤다. 우리의 코드를 *http://thinkcomplex.com/normsGame.py*에서 다운로드한 뒤 결과를 따라해보자.

그리고 나서 보상과 피해의 효과를 탐구할 수 있게 수정해보자. 다른 매개변수들을 고정해 놓았을 때, 보상과 피해의 값을 무엇으로 해야 좋은 결과의 확률이 50%가 될까? 70%나 90%는 어떻게 해야 될까?

연습 14-4

이 케이스 스터디의 게임들은, 경제적 비용과 이익에 응하여 단순한 규칙들을 따르는 행위자들의 행동을 분석하는 수학적인 방법론들인 게임이론의 연구를 기초로 한다. 게임이론에 대해서는 *http://en.wikipedia.org/wiki/Game_theory*에서 더 읽어볼 수 있다.

찾아보기

정가 22,000원

복잡계와 데이터과학 [Think Complexity]

2016년 9월 10일 초판 인쇄
2016년 9월 20일 초판 발행
저 자: Allen B. Downey
역 자: 이제원
발행자: 우명찬·송 준
발행처: 홍릉과학출판사
주 소: 서울시 강북구 인수봉로 50길 10
01093
등 록: 1976년 10월 21일 제5-66호
전 화: (02) 999-2274~5, 903-7037
팩 스: (02) 905-6729
e-mail: hongpub@hongpub.co.kr
http://www.hongpub.co.kr
ISBN: 979-11-5600-461-5

역자와의
협의하에
인지생략